AF389602

TRAITÉ COMPLET

DE

LA RAGE

CHEZ LE CHIEN ET CHEZ LE CHAT

MOYEN DE S'EN PRÉSERVER

PAR

M. J. BOURREL

EX-VÉTÉRINAIRE DE L'ARMÉE, DIRECTEUR DE L'ÉTABLISSEMENT SPÉCIAL
POUR L'ÉTUDE DES MALADIES DES CHIENS, RUE FONTAINE-AU-ROI, 7
MEMBRE DU CONSEIL D'ADMINISTRATION DE LA SOCIÉTÉ PROTECTRICE DES ANIMAUX
MEMBRE FONDATEUR DU COMITÉ HIPPOPHAGIQUE
ET DE LA SOCIÉTÉ CONTRE L'ABUS DU TABAC ET DES BOISSONS ALCOOLIQUES
MEMBRE DE LA COMMISSION D'HYGIÈNE DU 11ᵐᵉ ARRONDISSEMENT
DE PARIS.

PARIS

Se vend chez l'auteur, 7, rue Fontaine-au-Roi

GEORGES BARBA, LIB.-ÉDITEUR | P. ASSELIN, LIBR.-ÉDITEUR
7, RUE CHRISTINE, 7 | PLACE DE L'ÉCOLE-DE-MÉDECINE

ET CHEZ TOUS LES LIBRAIRES

—

1874

CORBEIL. — TYP. ET STÉR. DE CRÉTÉ FILS.

TRAITÉ COMPLET

DE

LA RAGE

CHEZ LE CHIEN ET CHEZ LE CHAT

MOYEN DE S'EN PRÉSERVER

PAR

M. J. BOURREL

EX-VÉTÉRINAIRE DE L'ARMÉE, DIRECTEUR DE L'ÉTABLISSEMENT SPÉCIAL
POUR L'ÉTUDE DES MALADIES DES CHIENS, RUE FONTAINE-AU-ROI, 7
MEMBRE DU CONSEIL D'ADMINISTRATION DE LA SOCIÉTÉ PROTECTRICE DES ANIMAUX
MEMBRE FONDATEUR DU COMITÉ HIPPOPHAGIQUE
ET DE LA SOCIÉTÉ CONTRE L'ABUS DU TABAC ET DES BOISSONS ALCOOLIQUES
MEMBRE DE LA COMMISSION D'HYGIÈNE DU 11me ARRONDISSEMENT
DE PARIS, ETC., ETC.

PARIS

Se vend chez l'auteur, 7, rue Fontaine-au-Roi

GEORGES BARBA, LIB.-ÉDITEUR | P. ASSELIN, LIBR.-ÉDITEUR
7, RUE CHRISTINE, 7 | PLACE DE L'ÉCOLE-DE-MÉDECINE

ET CHEZ TOUS LES LIBRAIRES

1874

PRÉFACE

Si la transmission de la rage était particulière aux espèces canines, si elle n'avait lieu que d'un chien à un autre, chercher à en combattre les effets serait un devoir pour moi. Mais cette question devient d'un bien plus grand intérêt, puisque le chien, grâce à la pointe acérée de ses dents, peut, avec facilité, inoculer le virus rabique non-seulement aux autres animaux, mais encore à l'homme lui-même.

Aussi, dans toutes mes recherches, dans tous mes travaux, ai-je toujours eu pour objectif le remède à apporter à un fléau si funeste.

De nombreuses expériences souvent répétées, des observations prises sur beaucoup de sujets, m'ont conduit à établir depuis longtemps le système préventif que le lecteur trouvera exposé à la fin de ce traité.

Si je livre aujourd'hui à la publicité les résultats de mes nouvelles études patiemment élaborées, c'est parce que je crois que c'est pour moi une obligation. Ne serait-ce pas, en effet, répondre bien mal à la confiance dont le public m'honore, que de ne pas le mettre à même de connaître un moyen certain de se préserver de l'inoculation du virus rabique.

Douze années de persévérance dans l'étude du système créé par moi (1) me donnent la certitude d'établir aisément la preuve de sa parfaite exactitude, à condition bien entendu que l'on appliquera rigoureusement les principes si faciles à suivre de ma méthode.

Je sais combien d'obstacles à leur propagation rencontrent les meilleures idées, avant de se faire jour dans l'opinion publique et de passer dans nos habitudes. J'ose espérer cependant que tout le monde comprendra de quelle nécessité pressante il est pour la société de conjurer, par tous les moyens possibles, les malheurs que la rage occasionne journellement.

Aussi, je fais appel à toutes les personnes éclairées, et je sollicite leur concours intelligent, sans lequel il m'est impossible de vulgariser un système que je crois appelé à rendre de grands services ; et je m'engage, pour leur garantie, à faire publiquement les expériences auxquelles elles désireraient soumettre préalablement ma méthode.

(1) Ce système a été exposé pour la première fois dans une brochure publiée en 1867, sous ce titre : *De la Rage, moyens de l'éviter*.

PREMIÈRE PARTIE

INTRODUCTION

Dès le début de ma carrière, mon attention se fixa particulièrement sur deux maladies que les animaux avaient la triste faculté de transmettre à l'homme : je veux parler de la morve et de la rage. Il me semblait que l'homme devait avoir la possibilité de se délivrer de ces deux fléaux.

De 1848 à 1857 mes recherches se portèrent d'abord sur la morve qui décimait les chevaux du troisième régiment de cuirassiers. C'est aux erreurs regrettables d'un de mes collègues, qui était mon chef de service à ce régiment, que je dus de bien connaître les causes de propagation de cette maladie, connaissance qui m'indiqua les moyens de l'extirper (1).

Mais la morve ne se transmet que rarement à l'homme ; il n'en n'est pas de même de la rage : c'est pourquoi je résolus de m'en occuper activement, et mes recherches sur les moyens de diminuer le nombre de ses victimes commencèrent en 1859. Elles n'ont pas été sans résultat, comme on le verra dans le cours de cet ouvrage.

---

(1) En effet, en 1856, un dîner fut offert à Versailles par le colonel du 3ᵉ cuirassiers, à l'occasion d'une lettre de félicitations sur le bon état des chevaux de son régiment, qu'il avait reçue du ministre de la guerre. Le colonel porta un toast à l'auteur de cet ouvrage, à qui, dit-il, on devait une grande partie des résultats obtenus.

De 1859 à 1872, j'ai reçu dans mon infirmerie 1,219 chiens enragés : c'est le résumé des observations prises sur ces animaux qui forme le traité que je livre aujourd'hui à la publicité.

Je l'ai divisé en quatre parties : la première expose les symptômes et les causes de la rage, la deuxième développe son mode de propagation et la troisième indique les moyens de combattre cette terrible maladie.

Dans la quatrième partie, enfin, j'ai étudié la rage chez le chat, ses causes, sa propagation, etc.

CHAPITRE PREMIER

CARACTÈRES DE LA RAGE

Symptômes généraux.

Quelques auteurs ont écrit que le meilleur préservatif de la rage était d'en connaître le début initial.

Certes, cette science serait des plus utiles et produirait de bons résultats, si elle n'était pas très-difficile à acquérir, même pour les hommes de l'art. Souvent, en effet, les signes prémonitoires de la rage se confondent avec des états naturels de surexcitation, et presque jamais ils ne tombent sous les yeux du public.

Il faut à ce dernier un phénomène saillant, un symptôme tout à fait extraodinaire, changeant totalement à ses yeux l'aspect habituel de l'animal pour qu'il craigne ou seulement qu'il soupçonne l'existence de cette funeste maladie.

Les exemples de cas de rage qui se produisent chez le chien, sans qu'aucune espèce de signes prémonitoires soient venus avertir son propriétaire, sont journaliers dans l'analyse des cas d'inoculation du virus rabique qui me sont passés sous les yeux.

Pour donner une idée des difficultés qui se rencontrent, lorsqu'il s'agit pour le public d'obtenir un renseignement sérieux dès le début de la rage, je demanderai la permission de répéter l'expression peut-être un peu triviale dont se servent les gens qui m'amènent des chiens enragés. « Je ne sais ce qu'a mon chien, me disent-ils, il a l'air tout drôle (1). »

Dix-neuf fois sur vingt, c'est ainsi que, sans s'en douter, ils me font la déclaration des cas de rage.

Tout ce que je puis faire pour me rapprocher des idées émises par les auteurs auxquels je faisais allusion en commençant, c'est de répéter au public les conseils que je lui donnais dans la brochure que j'ai publiée en 1867.

« Si vous observez, écrivais-je alors, un change-« ment quelconque dans les habitudes de votre chien, « isolez-le de toute communication avec les personnes et « les animaux. Donnez-lui ses aliments à part, observez-le « quelque temps, quinze jours environ ; en un mot, con-« sidérez tout chien malade comme suspect, et ainsi vous « échapperez à de terribles éventualités. »

La description de la rage, de sa période initiale à sa période ultime, telle que l'ont représentée le célèbre auteur anglais Youatt et plus tard l'éminent académicien M. Bouley, ne peut s'appliquer seulement qu'à un certain nombre de chiens enragés.

Ce qui, dans cette maladie, frappe d'abord l'observateur attentif, c'est la variété infinie des symptômes particuliers à cette affection. Il en est de trente chiens enragés, comme de trente hommes atteints de folie ; chacun a son caractère spécial. C'est bien la même maladie, mais elle diffère d'aspect.

On peut cependant classer les différences en trois groupes principaux :

(1) Certains disent : « Il est tout chose, » ou bien : « On le dirait toqué. »

1° Les enragés muets qui sont les plus nombreux ;

2° Les enragés mixtes, qui aboient peu et mordent modérément ;

3° Les enragés furieux, qui crient d'une manière particulière et, surtout, qui mordent.

Aussitôt que le virus rabique a fait son évolution, l'animal qui en a été inoculé est perdu. Les vétérinaires attentifs peuvent observer, comme signes prémonitoires ou précurseurs de la rage, l'impatience, l'inquiétude, les insomnies, un léger abrutissement résultant de la diminution de la sensibilité physique des sujets dont la vie est atteinte.

Dans le cas où un animal en proie à une surexcitation quelconque aura mordu une personne qui en aura conçu une fâcheuse impression, la durée de la vie de l'animal est un criterium sûr pour rassurer le blessé. En effet, si quinze jours après l'accident le chien est encore en vie, cette personne ne court aucun danger. La même observation s'applique aux animaux mordus.

Enfin, je dirai que, pour moi, dont les erreurs dans cette triste matière peuvent avoir des conséquences personnelles si funestes ; moi, qui ai eu à enregistrer la perte de plusieurs de mes collègues, parce qu'ils n'avaient pas reconnu le début initial de la rage, je me base toujours sur l'ensemble des phénomènes irréguliers de l'innervation, par lesquels les diverses fonctions, dont l'ensemble constitue la vie, sont directement atteintes, pour diagnostiquer l'existence de cette maladie. Car on a souvent observé qu'un animal peut mourir de la rage en n'étant affecté que par un seul ordre de sensations, et, pour me servir de l'expression de Toussenel, généralement selon la passionnelle de cet individu.

CHAPITRE II

DURÉE DE LA RAGE

Dans la dernière période de cette triste maladie, apparaissent les phénomènes de la paralysie qui entraîne fatalement la mort, dans un laps de temps qui, généralement, ne dépasse pas huit jours. Au delà du quinzième jour, les chiens que l'on avait soupçonnés, comme je l'ai déjà dit, peuvent, sans aucun risque, être mis en liberté.

Les *enragés furieux*, catégorie assez peu nombreuse, comme l'a également observé le savant professeur de zootechnie de Grignon, M. Sanson, après une vive excitation paraissent calmes, et ne sortent de cette immobilité que lorsqu'ils sont provoqués ou troublés par les chimères qu'enfante leur délire. Leur épuisement, résultat de cette surexcitation, leur donne une expression sinistre et cause leur mort.

Les *enragés mixtes* perdent assez vite leur propension à mordre et ne tardent point à succomber à la paralysie.

Les *enragés muets*, chez qui la rage se manifeste d'une façon beaucoup plus calme et qui entrent pour moitié dans les cas de rage que j'ai observés, ont pour symptômes généraux : la gueule entr'ouverte, ils bavent et portent la langue pendante ou placée sur le bord de l'arcade dentaire ; l'expression de leur regard est douce, triste, vague : le globe de l'œil est le plus souvent déplacé. Leur physionomie anxieuse inspire la pitié. Chez ces animaux la paralysie gagne peu à peu toutes les parties du corps, la mort vient ensuite.

CHAPITRE III

SYMPTOMES DE LA RAGE

Ce qui est la rage.

Témoignages d'affection. — Au début de la rage, quelques sujets font des caresses plus vives à leurs maîtres et aux animaux. Ils éprouvent principalement le besoin de lécher. D'autres restent sombres, s'éloignent de la famille et cherchent l'obscurité.

Vue. — Le regard est rarement naturel, il est ordinairement triste, vague, brillant ou menaçant ; l'axe de l'œil est quelquefois déplacé et s'engage sous la paupière supérieure. Les rayons lumineux l'impressionnent vivement ; les yeux sont parfois injectés de sang.

Ouïe. — Elle est surexcitée par le moindre bruit ou affaiblie pendant la durée des hallucinations. Chez quelques sujets on remarque une douleur intense à l'intérieur de l'oreille ou une vive démangeaison dans cette partie.

Ce qui n'est pas la rage.

Témoignages d'affection. — Le chien prodigue des caresses provoquées par la joie qu'il éprouve à son retour au logis, la satisfaction de revoir ses maîtres, la sympathie pour d'autres animaux. Ou bien l'animal est sombre par suite du chagrin que lui fait éprouver une punition injuste ou trop violente, ou parce qu'il souffre de douleurs nerveuses, de rhumatismes, par exemple. La tonte le rend parfois honteux.

Vue. — Les chiens, et plus particulièrement ceux de couleur fauve, irrités, poursuivis, peuvent avoir le regard brillant et leurs yeux peuvent lancer des lueurs fulgurantes. Le chien de combat, pendant la lutte, a l'œil animé, injecté, menaçant.

Ouïe. — L'étonnement, les rêves, les hallucinations que j'ai vues durer six mois sur le chien de M. Annois, rue Fontaine-au-Roi, 33, les préoccupations passionnelles de la chasse, les désirs génésiques peuvent faire que l'animal n'entende pas quand on l'appelle. La musique exalte ce sens.

Odorat. — Le chien enragé flaire le sol avec persistance. Il lèche avec passion les urines, sans y être excité par les effluves de la chienne et sans en avoir l'habitude. Le reniflement est fréquent, et l'animal enragé se gratte parfois énergiquement le nez avec ses pattes, comme s'il était gêné par la présence d'un corps étranger.

Odorat. — Le chien flaire par suite de désirs provoqués par les temps du rut ou parce qu'il est d'une nature ardente. Atteint de coryza, l'animal renifle.

Goût. — L'appétit est perverti, l'animal mange plus gloutonnement ses aliments ordinaires. Il ingère des corps étrangers qui ne peuvent le nourrir, tels que plâtre, graviers, paille, poils, herbe, tapis, linge, etc., etc. J'en ai vu avaler leurs excréments.

Youatt, savant anglais, qui le premier a donné une bonne description des signes prémonitoires de la rage, considère comme un des symptômes les plus caractéristiques de cette maladie, l'acte du chien qui mange ses excréments. Il serait imprudent de faire de cette observation une règle pour déterminer l'existence de la rage, puisque, comme je le dis plus loin, des chiens parfaitement sains ont cette habitude.

Goût. — Les chiens affectés de pica (névrose de l'estomac, ulcérations, etc.), lorsqu'ils sont jeunes, pendant leur dentition, ou lorsqu'ils ont des convulsions ont des aberrations d'appétit. M. Eggly, rue de Provence, 60, possédait un vieux chien qui dévorait les tapis, les rideaux : j'ai vu des chiens parfaitement sains ingérer leurs excréments.

État de la peau. — La rage débute assez souvent par des démangeaisons vives à la peau, au nez, aux pattes, aux oreilles. L'acuité de ces démangeaisons est telle dans quelques cas, que des

État de la peau. — Les maladies de la peau très-communes chez les chiens n'affectent pas les fonctions de relation des animaux qui en sont atteints. Elles n'ont généralement pas un début

chiens vont jusqu'à s'arracher des lambeaux de chairs.

Envie de mordre. — Une des manies les plus fixes et la seule dangereuse des chiens enragés consiste dans cette propension qu'ils ont à prendre légèrement entre leurs dents les doigts des mains, les pieds, de mordiller les chaussures, de ronger, de mordre avec vivacité les tapis, les meubles, le bois, etc.; et enfin de mordre les personnes, les animaux, surtout ceux de leur espèce dont la présence est pour eux généralement une cause de surexcitation.

Ces actes s'accomplissent, contre l'habitude, sans motif ni provocation aucune.

Il est bon de remarquer que le chien enragé devient sournois, hargneux et traître ; si son maître l'appelle, il peut avoir en apparence toute la douceur habituelle ; il remuera la queue en affectant un air de satisfaction ; puis, tout à coup, cédant à une impulsion subite et irrésistible, il se jette sur lui et le mord. Le danger peut exister aussi bien au début de la rage que dans la période la plus avancée.

Aboiement. — Le timbre de la voix est altéré ; l'émission, entrecoupée, est faite en deux temps composés, l'un d'une note grave, l'autre d'une note aiguë, imitant le plus souvent le cri du chien courant enroué par la fatigue.

brusque, et il est exceptionnel qu'elles provoquent des lésions de la peau.

Envie de mordre. — Il y a des chiens d'un caractère méchant et qui mordent à tout propos. D'autres, agacés ou effrayés, mordent pour se défendre. D'autres fois, il y en a qui, pour avoir la possession d'un os, par jalousie des caresses de leurs maîtres ou des animaux qu'ils préfèrent, n'épargnent pas les coups de dent à leurs semblables.

Dans certains cas de délire maternel, la chienne dévore des objets divers, et elle peut mordre avec fureur.

Aboiement. — J'ai entendu des hurlements semblables à ceux des chiens enragés, par deux de ces animaux qui avaient été volés : ils avaient en même temps des hallucinations. Des chiens à la recherche de leur maître aboient quelquefois de cette façon.

Le chien enragé n'aboie pas toujours, il peut même conserver son aboiement naturel.

Attitude. — La moitié des enragés sont querelleurs, hardis. Ils perdent le sentiment de la crainte. L'animal se croit chez lui quand il est chez les autres. Il porte la *queue relevée*, elle s'abaisse sous l'effet de la fatigue ou de la paralysie (1). Tantôt il est calme et reste immobile, tantôt il a un désir ardent de courir ; sa démarche a des allures singulières, c'est celle d'un fou. Les sorties du logis sont provoquées par des manies bizarres, par des désirs génésiques, presque toujours surexcités dans cette funeste maladie ; il fait des absences dans la journée, découche parfois. Dans quelques cas, il ira au loin dans la campagne, mordant les hommes, les animaux qu'il rencontre sur son passage, jusqu'à ce qu'il tombe anéanti ; en expirant, il veut mordre encore.

Aptitudes. — Certains chiens de chasse se montrent tout déconcertés sur les pistes ; dans quelques cas, ils broient le chaume, les arbrisseaux, font des

Sur quatre chiennes atteintes de délire maternel, toutes avaient l'aboiement entrecoupé en deux temps formés, l'un d'une note grave et l'autre d'une note aiguë séparée d'un intervalle, en un mot, toute l'apparence de l'aboiement rabique.

Attitude. — Le chien a souvent une attitude craintive lorsqu'il se trouve hors de la sphère de ses relations ordinaires. La paralysie, la fatigue, la crainte d'une correction lui font porter la queue basse.

S'il est coureur par caractère, il quitte fréquemment le logis ; il découche s'il trouve une chienne en chasse.

L'attitude peut devenir menaçante chez un chien égaré, poursuivi, soit qu'il ait peur, soit qu'il veuille se défendre.

Rien ne ressemble plus à un chien enragé que l'animal qui a perdu son logis et contre lequel s'ameutent les passants ; errant, quelquefois poursuivi comme un être dangereux, son œil s'injecte, il mord ; la fatigue, la frayeur font écumer sa bouche qui, couverte de poussière, prend un aspect sinistre.

Aptitudes. — Les corrections violentes peuvent les modifier chez les chiens qu'elles ont ahuris ; elles sont souvent altérées par les chagrins profonds qu'éprouvent des favoris fidèles de la

_____

(1) Le public accorde beaucoup trop d'importance à ce signe.

arrêts imaginaires ou bien fournissent des courses effrénées, n'obéissant plus à la voix de leur maître : d'autres, contrairement à leurs habitudes, dévorent le gibier ou mordent ceux qui s'approchent trop près d'eux pour les corriger. Des chasseurs ont dû la perte de la vie à cette imprudence inconsciente.

Il faut se défier du chien qui, ordinairement d'un caractère doux, se montre tout à coup querelleur avec ses compagnons de chasse, si surtout la lice ou la possession d'un os ne peuvent expliquer cette surexcitation.

Tenue dans les chenils. — On voit tout à coup les chiens, sans cause apparente, ronger leurs attaches, le bois des niches, les plâtres des murs ; dans leur loge, ils témoignent une impatience inaccoutumée ; ils changent souvent de place, fouillent partout, ramassent la litière dans un coin, puis l'éparpillent ensuite, ils en avalent. Ils se jettent sur les barreaux de leur loge, tantôt avec fureur, tantôt avec indifférence ; quelquefois ils y mettent tant d'ardeur qu'on en a vu s'y briser les mâchoires, d'autres prennent le bâton qu'on leur présente et tirent dessus avec fureur. On voit même des chiens enragés se précipiter avec frénésie sur un fer chauffé à blanc et faire tous leurs efforts pour l'arracher des mains de celui qui le leur présente.

Il y en a qui restent accroupis,

perte de leur maître ou d'un commensal affectionné. On a vu des chiens fouir la terre qui recouvrait un cercueil, s'absorber dans la douleur la plus navrante et rester dans la chambre du mort pendant près de quinze jours, sans vouloir prendre aucune espèce de nourriture, cachés sous le lit de celui qui n'était plus.

Tenue dans les chenils. — Le chien attaché nouvellement dans le chenil témoigne une impatience due soit à la crainte, soit au désir de retourner aux lieux qu'il a quittés.

Dans quelques cas, le chien se jette avec fureur sur les barreaux de sa loge, les détruit pour recouvrer sa liberté. Ces désordres se produisent principalement lorsque l'animal est surexcité par le désir de suivre son maître ou le cheval de ce dernier lorsqu'ils sortent.

Excepté quelques jeunes chiens qui aiment à jouer, ces animaux restent généralement impassibles lorsqu'on leur tend un morceau de bois quelconque.

Les chiens en santé se mettent quelquefois en arrêt devant les mouches.

immobiles dans un coin, d'autres se mettent en arrêt devant des objets imaginaires ; ils simulent parfois les gestes des chiens qui prennent des mouches.

Fonctions digestives. — Le chien enragé, lorsque la maladie est encore à son début, peut prendre sa nourriture comme à l'ordinaire ; le plus souvent, il cherche à boire, mais, s'il y a paralysie de la gorge, il laisse retomber les boissons au fur et à mesure qu'il les lape.

Un auteur dit que le chien enragé a horreur de l'eau. Cette assertion est erronée, comme je l'ai constaté maintes fois et, avant moi, de la Bère-Blaine.

J'ai cependant observé un fait que je cite ici à cause de sa rareté. Le 4 juin 1864, M. Wolls, rue Ménilmontant, 71, m'amena son chien qui était enragé ; les symptômes qui se manifestèrent chez cet animal consistaient en une peur invincible de l'eau. Il mourut peu de jours après.

Les vomissements sont fréquents, souvent sanguinolents.

La salivation est un fait peu constant, bien des enragés ont la bouche sèche, quelques-uns seulement salivent. Ceux qui ont la gueule béante bavent ordinairement.

Le 16 septembre 1859, le chien de M. Girardot, artiste lyrique, fut amené chez moi et je constatai qu'il était enragé. M. Girardot, ne voulant pas croire à mon

Fonctions digestives. — Dans bien des maladies graves, l'appétit du chien pour les aliments solides diminue ou même se perd complétement. Les inflammations d'entrailles notamment produisent cet effet. L'animal, dans certains cas, refuse toute espèce de boisson. Certains chiens boivent naturellement fort peu.

J'ai vu l'émotion faire saliver des chiens qu'on amenait à ma consultation. Les convulsionnaires, les épileptiques, pendant leurs attaques, salivent beaucoup.

La salivation peut aussi être produite par des aphthes dans la bouche, le scorbut, la carie des dents ou la présence de corps étrangers.

diagnostic, pria son ami M. Delafond, alors directeur de l'école vétérinaire d'Alfort, de venir le visiter à mon établissement. Lorsque le savant directeur entra dans ma cour, on entendait aboyer le chien de M. Girardot. « M. Bourrel, me dit-il, combien avez-vous de chiens enragés ? — Un seul, monsieur le Directeur, et c'est celui de monsieur. » Alors se tournant vers M. Girardot : « Mon ami, dit-il, ton chien est enragé. »

On voit par ce qui précède, combien était accentué, chez cet animal, l'aboiement particulier à la rage; il avait comme autre symptôme une envie effrénée de mordre. Eh bien, ce chien ne cessa de boire et de manger qu'avec la mort.

En somme, les signes fournis par les fonctions digestives éclairent peu le diagnostic. Le public leur accorde beaucoup trop d'importance.

CHAPITRE IV

PARTICULARITÉS

Le 14 mars 1872, M. Fresne, rue de Meaux, 22, amena à mon établissement un chien métis épagneul, âgé de cinq ans, dont la physionomie lui avait paru inquiète : cet animal avait gratté les plâtres de sa niche et en portait encore des traces sur les dents. Il avait mordu à la tête un terrier qui vivait avec lui.

J'observai chez lui les symptômes suivants : décubitus en cercle, frissons sur toute l'étendue de la peau ; il était d'une très-grande impressionnabilité aux courants d'air ; son aboiement n'était pas rabique, mais se rapprochant de celui des chiens atteints de chorée aiguë.

J'ai déjà observé plusieurs fois ces mêmes symptômes et cru à la rage sans certitude : mais le terrier, qu'il avait mordu, présenta exactement les mêmes phénomènes trente-cinq jours après, ce qui éclaira complétement mon diagnostic. Pour moi c'était l'affirmation de la rage.

Ces cas se présentent rarement, et on voit quelquefois, parmi les sujets chez lesquels ils se produisent, des chiens qui tordent le cou et ont des spasmes, ils ne tardent pas à être perclus de tous les membres.

Il est des chiens enragés doux et caressants pour les sujets de leur espèce : par conséquent le réactif que l'on conseille comme devant complétement éclairer le diagnostic dans les cas douteux, et qui consiste à présenter des animaux de son espèce au chien enragé pour l'exciter à mordre peut introduire dans des erreurs fatales ceux qui l'emploieraient. A l'appui de cette assertion je ne citerai que les deux faits suivants :

Le 4 septembre 1864, M. Gazin, demeurant à Paris, rue Saint-Laurent, 45, impasse Jeandel, 4, m'amena un petit épagneul âgé de deux ans. Il était enragé et, au lieu d'être surexcité par la vue des chiens, il les caressait avec beaucoup de grâce, tandis qu'il se jetait avec frénésie sur les chaises.

Le 1er décembre 1873, M. Morin m'amena un chien terrier âgé de cinq ans. Le matin de ce jour il avait été conduit chez M. Gatineau, vétérinaire à Paris. Celui-ci, remarquant des allures singulières chez cet animal, le mit en présence de deux chiens. Il détourna la tête : cependant M. Gatineau doutait, et il envoya l'animal chez moi où il mourut enragé.

On a dit que le chien enragé quitte le logis qu'il habite, parce que, ayant conscience de son état, il ne veut pas exposer un maître affectionné au danger d'être mordu par lui. J'avoue qu'il m'est difficile de partager cette opinion. Le chien fuit son logis, dit-on. Oui, le chien fuit son logis, mais pour y revenir dans les vingt-quatre heures. Comment admettre en effet que l'homme, animal intelligent par excellence, ait tant de peine à acquérir la notion du virus rabique, tandis que le chien, au moment où il est malade, c'est-à-dire, lorsque ses facultés même les plus développées sont comme obscurcies, arrive de prime saut à la connaissance du danger auquel sa présence expose son maître.

Le même auteur ajoute que les propriétaires de chiens ont pour eux le bénéfice d'une certaine grâce d'état, qu'ils jouissent d'une certaine immunité. Il est certain que le chien, habitué à être docile envers son maître, n'entre pas, du jour au lendemain, en révolte contre lui; l'animal peut être dangereux pour les étrangers, sans l'être pour son maître. Mais il ne faut pas s'y fier, attendu que le mal, en se développant, viendra inévitablement paralyser ce sentiment chez le chien et alors son maître, se trouvant constamment en rapport avec lui, sera plus exposé que personne.

N'est-ce pas accorder à l'animal une notion qu'il ne peut avoir que de dire, comme on l'a fait, que le chien en santé fuit le chien enragé, parce qu'il pressent le danger auquel il s'expose. Les chiens s'éloignent toujours par un instinct naturel de conservation de leur espèce dont l'expression du regard est menaçante, qu'ils soient sains ou malades. M. Hugo, vétérinaire principal, écrivait à ce sujet en 1858 : « Un chien ne reconnaît pas la rage chez « un autre et n'en n'a point peur. »

On a voulu empêcher la propagation de la rage, en faisant connaître aux propriétaires de chiens les signes prémonitoires qui se manifestaient au début de cette maladie; mais, outre que, ainsi que je l'ai démontré plus haut, la connaissance de ces signes est presque impossible pour le public, le premier indice que l'on recueille de l'inoculation du virus rabique est bien souvent le désir invétéré de mordre.

Je pourrais citer une quantité de faits à l'appui de cette assertion, je me contenterai d'en rapporter trois.

Le 8 février 1865, M. Pierrot, marchand, boulevard Richard-Lenoir, 91, m'amena une chienne griffonne qui était enragée; le seul symptôme qu'elle présentât était

2

un besoin constant de mordre les chiens qu'elle trouvait sur son passage.

Le 8 mars 1867, M. Lombard, passage du Renard, 12, me conduit un chien atteint de la rage. La seule preuve que j'en pus avoir, après une observation minutieuse, consiste en un besoin irrésistible de mordre tout ce qui se trouvait à sa portée.

Le chien de M. Hamel, rue des Bois, à Belleville, atteint de rage furieuse le 25 janvier 1865, a pour symptôme unique le besoin de mordre toutes les personnes qui l'approchent; il est doux envers les chiens.

On voit par là combien est insuffisant le moyen préventif de la rage qui consiste seulement à en signaler le début, puisque ce même début se manifeste généralement par une morsure.

CHAPITRE V

ÉTIOLOGIE DE LA RAGE

Son origine, sa nature, son siége.

Les écrits de Celse, de Plutarque, écrivains de l'anti-
quité; ceux de Cullen, de Girard de Lyon et de Bosquil-
lon (1); les ouvrages, opuscules, rapports, discours des
savants contemporains qui ont fait une étude spéciale de
la rage, tels que : Triollet, Willermé, Renault, Youatt,
Bouley (de l'Institut), Sanson, Reynal, etc., ne nous apprennent absolument rien sur l'origine du virus rabique ; ils ne sont pas plus explicites sur sa nature et sur
son siége.

Je demanderai au lecteur de me suivre dans les recherches que je vais faire pour essayer d'élucider cette
question.

Et d'abord quel est l'origine de la rage?

Un auteur, partisan et propagateur de l'idée de spontanéité de la rage et dont nous aurons plus loin à examiner l'opinion, se sert de l'argument suivant : il y eut
un premier chien enragé, donc la rage peut être spontanée ! Pour le moment la première partie de ce dilemne
seule nous intéresse.

(1) Ces deux derniers auteurs niaient l'existence du virus rabique et at-
tribuaient les désordres qu'il cause à une lésion spéciale du système nerveux.

Oui, il y eut un premier chien enragé, mais à quelle époque? Le grand malheur, c'est que les vétérinaires de ce temps n'ont point signalé l'apparition du virus rabique dans leurs « recueils de médecine vétérinaire ».

A vrai dire, l'origine de la rage doit se perdre dans la nuit des temps. Mais la Bible n'en parle pas. On a cité un passage d'Homère qui semblerait avoir trait à cette triste maladie, mais est-ce bien interpréter l'expression du grand poëte grec? Il en est de même d'Aristote, le grand philosophe auquel nous faisons dire chaque jour une foule de choses qui ne lui sont bien probablement jamais venues à l'idée. Plutarque est le premier auteur qui traite de la rage d'une façon non équivoque; pour lui, c'était une maladie nouvelle qui aurait fait son apparition du temps d'Asclépiade.

Faut-il en déduire que cette affection n'a commencé ses ravages qu'à cette époque? Je ne le crois pas, je crois beaucoup plus plausible d'admettre que les nombreuses conquêtes de l'empire romain ont importé chez lui cette maladie, qui devait exister bien antérieurement chez un des nombreux peuples qu'il a soumis à sa puissance.

On le voit, les auteurs des temps les plus reculés, ceux qui sont venus après eux constatent simplement l'apparition de la rage, mais n'en connaissent pas l'origine.

Voyons maintenant quelles sont les causes de la rage.

La recherche des causes de la rage, ce mirage qui nous séduit tous, est d'un si haut intérêt que, pour arriver à une solution sérieuse de ce problème, je suis obligé de procéder par élimination. Je dois donc laisser de côté toutes ces idées surannées qui se trouvent émises d'âge en âge, d'auteur à auteur sans aucun résultat capable d'éclaircir un tant soit peu cette question. Ainsi on a dit

que la rage pouvait être occasionnée par l'intensité des
rayons solaires, au moment des grandes chaleurs, par la
privation d'aliments solides ou liquides, par la contrainte
qu'imposait au chien la muselière, etc. Essayer de répondre à ces suppositions serait perdre mon temps.

J'ai à analyser un tout autre ordre de causes de
rage, dite spontanée, et attribuées à des motifs bien
divers par des vétérinaires, des médecins, ou des particuliers.

1° *Influence du chagrin* (1).

Le 22 mai 1863, M. Petit, marchand de vin, rue Simon-
Lefranc, 27, me présente un chien atteint de rage ; il
attribue ce fait au chagrin qu'a éprouvé cet animal de
la perte de son commensal, un chat, qu'il affectionnait
beaucoup.

Le 6 février 1866, M. Delarue, passage d'Angoulême,
m'amène un chien loulou, âgé de 3 ans, et qui, dit-il, est
devenu enragé parce que, comme dans le cas précédent,
le chat de la maison l'a quitté.

Le 23 février 1866, M. Suchard, 46, rue d'Angoulême,
conduit à mon établissement un chien loup âgé de 8 mois,
malade depuis cinq jours. Cet animal fuit le logis, a
le goût perverti, cherche partout, ne joue plus avec les
chiens, a maigri subitement. On remarque une grande
faiblesse du train postérieur, voix rabique, des vomissements. Le propriétaire attribue ce cas de rage au chagrin
qu'a éprouvé ce chien du départ d'un apprenti qu'il n'a
cessé de chercher depuis.

Ces trois cas sont les seuls, de ce genre, qui aient ja-

______

(1) Il est bien entendu que ceci n'est pas écrit pour les hommes qui ont
traité spécialement de la rage, mais bien au contraire pour le public chez
lequel ces idées ont trop souvent de la prise et que je dois éclairer.

mais été signalés à l'établissement spécial pour les maladies des chiens que je dirige.

L'homme impartial et consciencieux qui, n'ayant pas de parti pris dans la question, l'étudie de sang-froid, est amené ici naturellement à se demander :

De ce que leurs propriétaires attribuent ces cas de rage au chagrin éprouvé par ces animaux lors de l'éloignement de leurs commensaux, peut-on sérieusement en déduire : 1° que ces chiens n'aient jamais été mordus par un de leurs semblables atteint de la rage, lorsque leur maître n'avait pas l'œil sur eux; 2° que par conséquent ce soient là des cas de rage dite spontanée?

J'avoue que, tant que je n'aurai que des faits de ce genre à enregistrer, ils ne me prouveront pas que le chagrin puisse produire la rage dite spontanée.

2° *Influence de la peur.*

Le 11 novembre 1863, M. Imbert, rue du Grand-Chantier, 10, conduit à mon établissement un chien terrier fortement constitué, âgé de 2 ans.

Cet animal paraissait abruti, sa démarche était chancelante; il avait des hallucinations, la voix de la rage et était dans un état de paralysie avancée; en un mot, il présentait des symptômes non équivoques, il était enragé.

M. Imbert *affirme* que son chien n'a pas sailli, qu'il dédaignait les chiennes et leur préférait les chiens. Il était d'une nature ardente, sensible, intrépide au combat. Il y a six mois qu'il s'est battu, et, depuis, chaque fois qu'il se trouve en présence du maître du chien avec lequel il a été aux prises, il éprouve une grande frayeur qui se traduit par des spasmes. La dernière impression a été ressentie deux jours auparavant. Conduit à Alfort, cet animal y mourut le 14. On trouva à l'autopsie des corps étrangers à l'alimentation dans l'estomac et l'on constata une vive inflammation de la muqueuse intestinale.

Certes, voilà un fait intéressant et l'on pourrait en déduire que la peur a occasionné la rage dite spontanée chez ce chien, si l'argument déjà exprimé ne trouvait pas sa place ici : qu'est-ce qui prouve que ce chien si querelleur ne se soit pas attaqué à un animal enragé dont il ait été mordu ?

3° *Influence des rapports sexuels.*

M. C. Leblanc écrit dans le *Recueil de Médecine vétérinaire* (octobre 1873, page 754) :

OBSERVATION I (*février 1864*). — Le 19 février 1864, M. X., « demeurant 52, chaussée Clignancourt, me présente un « chien de Poméranie, *vulgo* loulou, âgé de 8 ans, sous « poil noir et blanc, qui est atteint de la rage furieuse. « Cet animal n'a jamais couvert de chienne et ne sortait « jamais qu'accompagné de son maître ou du fils de « celui-ci ; il n'a pas été mordu ni renversé par aucun « chien. La personne qui faisait le ménage de M. X. avait « une chienne en chaleur vers la fin de décembre 1863, « et ses vêtements étaient imprégnés de l'odeur de cette « bête, aussi le chien était-il continuellement après cette « femme, la suivant et se frottant après elle. Pour se dé- « barrasser de cette poursuite, elle amena sa chienne, et « voulut la faire couvrir par le mâle ; il ne put, en raison « de sa petite taille, y parvenir, et s'échauffa inutilement. « Deux mois après, la rage furieuse se manifeste, et la « mort eut lieu le 21 février.

En tête de cette citation, l'auteur met : « Tous les cas « de rage spontanée que je cite ont été pris dans des con- « ditions telles que, pour moi, il n'y a pas de doute sur « l'origine de la maladie. »

Je pense que, de ce qui précède, il ressort pour tout le monde que l'auteur attribue à des désirs génésiques non satisfaits le développement de la rage chez ce chien; voyons un peu si après discussion nous pourrons être de son avis.

L'auteur dit que cet animal n'a été ni mordu ni renversé par aucun chien et s'empresse d'en tirer la conclusion ci-dessus.

Mais, comment peut-il savoir que ce chien n'a pas été mordu par un de ses semblables? On me dira qu'il ne sortait jamais qu'accompagné d'un de ses maîtres, et que, s'il en avait été ainsi, ils le lui auraient dit.

En est-on bien sûr?

Il ne faut pas faire tant de foi sur les dires des clients et, pour preuve, voici un fait qui s'est passé chez moi et dont je puis garantir l'exactitude.

Madame X..., rue Portefoin, 16, possédait un chien de très-petite espèce, du volume du poing; il devint enragé, elle me l'amena.

La dame en question ne sortait son chéri qu'en le portant dans ses bras, il n'avait jamais foulé de ses pattes le pavé de Paris. Aussi, se récria-t-elle bien fort quand je lui déclarai que Toto avait été mordu par un chien enragé; trouvant cette occasion favorable, et espérant presque être à même de constater un cas de rage spontanée, je fis une enquête rigoureuse, et voici ce que je découvris.

Dans la maison qu'habitait madame X..., se trouvait une cour, où elle déposait son chien en rentrant, pour qu'il satisfît ses nécessités. Or, un jour, un camionneur s'y trouvait avec son chien, un terrier, qui roula et mordit le petit favori. Ce terrier vint deux jours après à mon infirmerie, il y mourut de la rage.

D'où je conclus, naturellement, qu'il ne faut faire aucun fond sur les dires des propriétaires. Souvent, leurs renseignements sont intentionnellement faux, et, lors même qu'ils sont de bonne foi, leurs rapports sont toujours insuffisants. Si j'en croyais mes clients, les quatre cinquièmes des chiens enragés qui entrent dans mon établissement seraient atteints de rage spontanée.

Il faut être plus difficile lorsqu'il s'agit de trouver les preuves scientifiques de l'existence d'un phénomène, et l'on ne peut pas écrire que l'origine d'une maladie est telle, parce que Jean, Pierre, ou Paul ont affirmé qu'il en était ainsi.

EXEMPLES D'EXALTATIONS GÉNÉSIQUES NON SUIVIES DE RAGE
SUR DES CHIENS.

Observation I. — Le 1ᵉʳ juin 1866, un chien bull-terrier appartenant à M. Lemoine, rue Mazarine, 36, présenta un état d'érotisme si puissant qu'il offrit les apparences de la rage. Depuis six semaines il avait des hallucinations, avalait de la terre, cherchait toujours comme s'il eût eu près de lui des mouches. Après quelques jours de traitement il sortit non enragé.

Obs. II. — Le 31 décembre 1866, M. Birand, rue Saint-Denis, 28, m'amena un chien terrier âgé de 18 mois; il avait découché trois jours, refusait les aliments, se jetait sur les chiennes. Il avait un mouvement spasmodique dans les mâchoires, cherchait à mordre; prurit très-violent. Non enragé.

Obs. III. — Le 3 février 1863 M. Lagraveraud, rue des Trois-Bornes, 21, conduisit à mon établissement un terrier suspect. Dans la même maison et appartenant au même propriétaire se trouvait une chienne en chasse que César voulait caresser, il était très-excité, on l'empêcha de satisfaire ses désirs. Depuis cinq jours l'animal ne mangeait plus, sa voix était restée naturelle, mais il aboyait fréquemment : il se montrait très-impatient dans la loge. Non enragé.

Obs. IV. — Le 10 février 1864, MM. Paraf-Javal frères, rue du Chantier, 32, me présentent un terrier très-vigoureux. Il y avait deux mois que, pour la première fois, cet animal avait quitté le logis de ses maîtres, son absence avait duré six jours ; le 28 janvier, il disparut de nouveau. Lorsque je le vis, il avait perdu l'appétit et rongeait le bois. Son attitude était hardie et il flairait avec avidité les odeurs. L'exaltation génésique est manifeste. Non enragé.

Obs. V. — Le 22 avril 1864, madame Gormont, rue Aumaire, 21, me confia un chien mouton âgé de 5 ans. Depuis six jours, il ne mangeait pas. Il y avait dans le quartier une chienne en chasse dont il était très-épris et il faisait faction à sa porte depuis une quinzaine ; là, il s'échauffait tellement que, lorsqu'il revenait, il était couvert de sueur. Sa patience avait été vaine. Non enragé.

Obs. VI. — Le 10 février 1865, M. X..., boulevard Malesherbes, 52, me remit un bel épagneul, âgé de 2 ans, sujet à des excitations génésiques très-violentes qu'il ne pouvait satisfaire. Non enragé.

EXEMPLES D'EXALTATIONS GÉNÉSIQUES NON SUIVIES DE RAGE
SUR DES CHIENNES.

Obs. VII. — Le 25 juillet 1859, M. Langlois, boulevard Saint-Martin, 21, me conduisit une chienne d'arrêt, âgée de 2 ans. Dans un accès de folie provenant de fureurs utérines, elle avait dévoré pour plus de 60 francs de tapis, rideaux, etc., dans une nuit. Son propriétaire la croyait enragée. Une saignée, le régime blanc la calmèrent. Elle n'était pas enragée le moins du monde.

Obs. VIII. — Le 16 septembre 1859, M. Bertrand, quai Jemmapes, 226, m'amena une chienne de forte taille, âgée de 20 mois ; elle était en proie à de vifs désirs qu'elle n'avait pu satisfaire. Elle avait beaucoup maigri, salivait abondamment; son œil était hagard. (Excitation hystérique). Non enragée.

Obs. IX. — Le 7 août 1864, M. Lepart, rue Grange-aux-Belles, 37, conduisit à mon établissement une chienne en chasse depuis quinze jours. N'ayant pu avoir de relations avec les chiens, elle était devenue méchante et mordait ceux qui l'approchaient. Non enragée. J'appelle l'attention du lecteur sur ce fait que j'ai observé bien souvent.

Obs. X. — Le 19 octobre 1864, la chienne d'arrêt de de M. Boyer, rue Vanneau, 33, me fut amenée. Cet animal, âgé de 15 mois, sous l'influence de désirs génésiques, avait dévoré une couverture de laine et une chemise. On la croyait enragée, elle ne l'était pas.

Obs. XI. — Le 13 avril 1865, M. Palanque, rue de Bondy, 80, me conduisit une chienne de chasse. Surexcitée par des chaleurs génitales, cette bête déchirait ce qu'elle trouvait sous sa dent et aboyait après tout le monde. Non enragée.

Je pourrais poursuivre cette nomenclature, attendu que j'ai mainte et mainte fois observé des faits du genre de ceux qui précèdent; je n'en vois pas la nécessité, ceux que j'ai relatés étant plus que suffisants pour que l'on puisse se faire une opinion sur la question qui nous occupe.

1° Le 22 juillet 1864, M. Cavillon, rue de la Marne, 30, à Belleville, me présente un chien orange, âgé de 4 ans.

Renseignements : Cet animal a couvert la chienne qui lui avait donné le jour, le 7 de ce mois, et le 14 il l'a mordue à l'oreille; cette chienne entra comme suspecte à l'école d'Alfort le 23 juillet et le 11 août elle mourait enragée.

Le chien de M. Cavillon témoignait un désir violent de mordre.

Le 23 juillet, il mangea gloutonnement du pain et de la viande et but de l'eau.

Le 24, il poussa des cris rabiques très-accentués.

Le 25, il a tous les caractères de la rage, l'abatage est prescrit.

2° Le 13 juillet 1865, madame veuve Depresseville, rue du Caire, 36, amène à mon infirmerie une chienne de chasse venant d'être mordue à l'oreille par un chien son commensal.

Cette chienne étant en rut, le 30 juin, excita violemment les désirs génésiques d'un jeune chien de sa portée qui vivait avec elle. Cet animal avait 2 ans et demi et voulait à toute force la saillir, elle s'y opposa.

Ce jeune chien mourut enragé le 14 juillet, on mit alors la chienne en surveillance ; trois semaines après elle succombait aussi.

3° Le 30 janvier 1866, M. Marès, 70, boulevard de Strasbourg, m'amène un chien loulou noir âgé de 4 ans.

Huit jours auparavant cet animal s'est trouvé en rapport avec deux chiennes havanaises qui étaient en rut.

On remarque un changement notable dans ses habitudes, il cherche à mordre les pieds et éprouve de la satisfaction quand on lui frotte les côtes.

Il mourut de la rage à l'infirmerie.

Ces faits ont le tort de ne pouvoir fournir aucune preuve qui puisse être invoquée par M. C. Leblanc en faveur de la doctrine qu'il défend.

Rien ne prouve en effet que ces chiens n'aient pas été mordus antérieurement par des animaux de leur race atteints de la rage ; je dirai plus : pour certains cas cités par M. Leblanc où les relations du mâle et de la femelle remontent jusqu'à deux mois avant la déclaration de la rage sur le sujet observé, il se peut parfaitement que la morsure qui a inoculé le virus ait eu lieu ultérieurement.

Dans des cas de ce genre, on peut tout au plus admettre que la surexcitation causée par les désirs génésiques a pu hâter l'évolution d'un virus entré dans le sang avant que les animaux dont il s'agit aient ressenti leurs influences.

Comment concevoir, en effet, que les désirs génésiques puissent produire la rage chez les chiens qui ne peuvent les satifaire. Cette théorie me paraît en désaccord avec la raison humaine, et, comme on vient de le voir, elle n'est pas davantage justifiée par les faits, lorsqu'on vient à approfondir cette intéressante question.

4° La rage peut-elle être déterminée par la morsure d'un chien qui jouit d'une bonne santé ?

A cette question, catégoriquement posée, Hurtrel d'Arboval répond : « Nous ne pouvons nous persuader, quoi « qu'on en dise, qu'un chien en colère et furieux, mais

« non enragé, ait jamais pu donner la rage à un autre
« individu par des morsures. »

Cependant ses adversaires citent des faits nombreux qui
tendent à établir qu'un chien bien portant peut communiquer la rage.

Parmi eux se trouve le docteur Putégnat, de Lunéville,
qui, en 1863, écrivit un mémoire à l'Académie sur ce
sujet.

M. Piétrement parle de deux chiens, Tom et Black. A
la suite d'une morsure que lui fit ce dernier, Tom devint
enragé et Black resta sain et sauf.

M. Decroix cite le chien Patteau qui inocule le virus
rabique pendant qu'il est indemne.

Le docteur Hermann-Strahl, d'après la « Revue médicale » de mai 1873, a observé un cas d'hydrophobie ter-
minée par la mort à la suite d'une morsure faite par un
chien parfaitement sain.

Moi-même, j'ai observé plusieurs faits de ce genre parmi
lesquels j'en citerai trois :

1° Le chien de M. Rithz, boulevard Saint-Denis, 38,
devient enragé le 19 février 1863. Il y a environ trois semaines qu'une chienne ayant des petits s'est jetée sur lui
et l'a mordu. Le propriétaire rapporte à cet accident l'état
de son chien.

2° Le 3 avril 1863, M. Cottart, rue du Temple, 168,
me consulta au sujet d'un épagneul, âgé de 3 ans, qui
était enragé. Il y a deux mois, cet animal eut l'oreille
droite percée, de part en part, par la morsure d'un chien
qui est bien portant. Son maître *affirmait* que son chien
n'avait pas été mordu depuis.

3° Le 8 mai 1865, M. Crouvain, rue de la Villette, 37,
conduisit à mon infirmerie un chien de chasse, âgé de

2 ans. Il fut expédié à Alfort le 9 mai et y mourut. Son maître *affirmait* qu'il avait été mordu à la patte un mois auparavant par un chien non enragé.

Quelle conclusion faut-il tirer de tous ces faits? Pour donner plus de poids à leurs assertions, certains auteurs ont écrit que, lorsque le chien, cet animal dont le système nerveux est doué d'une si grande sensibilité, était sous l'influence de la colère, ce sentiment occasionnait chez lui une perturbation momentanée, et ils ont trouvé, dans cet état, là possibilité d'une surexcitation susceptible de produire et d'inoculer le virus rabique. Mais, ce n'est là qu'une hypothèse qui aurait besoin, pour passer à l'état de fait, d'être appuyée de quelques preuves. Or, les observations que je viens de citer peuvent-elles lui tenir lieu de preuves?

Si j'étais comme quelques personnes, comme elles, je répondrais oui, sans hésiter; mais, lorsqu'il s'agit de preuves scientifiques, je suis beaucoup plus difficile, beaucoup plus exigeant.

Un client me dit : « Monsieur, mon chien a été mordu il y a deux mois par un chien qui n'est pas malade, et je vous affirme qu'il n'a pas été mordu depuis. » Nous avons vu plus haut un vétérinaire qui ne demande pas autre chose qu'une bonne affirmation pour constater d'une manière qui ne lui laisse *pas de doute* les cas de rage dite spontanée. Mais il me semble qu'à l'idée du vétérinaire il doit toujours venir une de ces observations : Votre chien n'a pas été mordu depuis deux mois, mais avant? Il a été mordu par un chien bien portant, qui vous prouve qu'il ne l'a pas été aussi par un chien enragé? Si l'on se posait exactement ces questions, il y aurait plus de doute dans l'esprit des partisans de la rage dite spontanée. Le propriétaire d'un chien *affirme* qu'il n'a pas été mordu par d'autres. Le propriétaire du chien peut-il soutenir cette affirmation? Combien de temps faut-il donc pour inoculer le virus rabique? Une seconde. La sollicitude du maître n'a-t-elle pu être mise en défaut pendant un si court espace de temps? Il n'en a pas fallu davantage.

Madame X..., place de la Cordonnerie, 8, avait un chien de garde qu'elle affectionnait beaucoup, il devint enragé. « Cet animal ne me quitte jamais, me disait-elle, je vous l'*affirme*, je le descends moi-même, jamais il ne sort. » Quel joli cas de rage spontanée! Malheureusement une enquête sérieuse me fit découvrir qu'un chien enragé errant s'était blotti dans l'escalier, et avait mordu Médor au passage.

Pour en revenir à la production de la rage dite spontanée par la colère, je ferai observer ce qui suit.

Les événements n'ont pas besoin d'historien pour les écrire; ils frappent assez par eux-mêmes les personnes qui y assistent pour qu'il en reste au moins la mémoire.

Si la rage dite spontanée pouvait être engendrée par la colère, où se serait-elle jamais mieux développée qu'en Espagne, dans le midi de la France, en Angleterre ou à Paris à la barrière du Combat, où des bull-terriers luttent journellement pour la plus grande satisfaction de maîtres barbares. Ces contrées ne devraient-elles pas approvisionner le monde entier de chiens enragés? Qui a jamais entendu dire cela?

5° *Conclusions générales.*

Les partisans de la spontanéité ou de la non-spontanéité comprennent trois groupes :

1° Les partisans de la spontanéité fréquente : MM. Leblanc père et fils, Tardieu, Vernois, Le Cœur, Lafosse, Huzard, Blatin, Roucher, Toffoli, Grève, Fleming, etc.

2° Les partisans de la spontanéité rare : MM. Reynal, Bouley qui accuse un cas de rage spontanée sur mille, Renault qui en cite trois cas seulement dans toute sa brillante carrière, et encore, il y en a deux dont il n'était pas bien sûr, etc.

3° Les partisans de la non-spontanéité : de la Bère-Blaine, Rey, professeur à l'École de Lyon, Boudin qui écrit que les contrées qui n'ont pas établi de communication avec l'Europe sont préservées de la rage.

M. André Sanson, esprit très-positif, a publié en 1860 un Traité sur la rage dans lequel il dit que les documents lui semblent insuffisants pour établir scientifiquement l'affirmation ou la négation de la rage spontanée.

Un des meilleurs arguments des partisans de la rage dite spontanée, c'est celui du premier chien enragé. Celui-là est irréfutable et acquis sans contestation! Cependant, je me permettrai une observation : ces messieurs admettent la spontanéité de la rage chez le chien, le chat, le loup, le tigre et le lion. Lequel de ces cinq animaux a commencé? Il se peut que le premier chien enragé ait été mordu par le premier chat, qui, lui, a été mordu par le premier loup, qui lui, etc... Cette question est bien difficile à résoudre.

Je ne vois pas d'ailleurs que, parce qu'il y a eu un premier chien enragé, tout en admettant que la rage ne lui ait pas été communiquée, ce soit là une preuve de la spontanéité de la rage. Il y a eu un premier syphilitique. Qui a jamais entendu parler de la syphilis spontanée?

Généralement, dans la science, on néglige les facteurs

premiers, pour ne s'occuper que de leur mode de propagation.

Si les spontanéistes, qui ont trouvé des cas de rage spontanée, les examinaient bien à fond, il leur arriverait ce qui est arrivé à M. U. Leblanc à propos du chien de M. Weber. M. U. Leblanc citait ce cas comme preuve de la spontanéité de la rage produite par les désirs génésiques non satisfaits. M. Weber lui-même a reconnu que ce fait était erroné.

Les partisans de la rage dite spontanée font quelquefois des exceptions. Ainsi l'un d'eux affirme que la chienne n'est pas sujette à la rage spontanée produite par les désirs génésiques.

Comment se fait-il que, ressentant comme le chien ces même désirs, elle n'en éprouve pas les effets?

Les spontanéistes disent que la rage spontanée peut naître de désirs génésiques non satisfaits ou de la surexcitation causée par la colère. Ils s'étonnent que les expériences de Toffoli ne soient pas convaincantes; mais pour qu'une expérience soit probante, il faut qu'on ne puisse lui faire quelque objection sérieuse. Et c'est justement le caractère qui manque à celles dont il est question. Il n'est pas prouvé que les chiens qui ont servi aux expériences de Toffoli n'avaient pas été mordus par d'autres.

Que ceux qui veulent se convaincre fassent naître dans un chenil vingt chiens de combat; que, lorsqu'ils seront parvenus à l'âge adulte, ils les excitent l'un contre l'autre.

Et si, après avoir empêché toute communication avec le dehors, ils deviennent enragés, je m'inclinerai tout le premier devant l'évidence, la rage spontanée pourra être produite sous l'influence de la colère.

Qu'ils fassent, d'autre part, naître dix chiens et dix

chiennes dans un chenil divisé en dix compartiments, que
dans chaque compartiment ils mettent un chien et une
chienne séparés seulement par une claire-voie, afin qu'ils
puissent s'échauffer l'un l'autre; et, si des cas de rage se
produisent entre eux, je conclurai à la rage spontanée
produite par les excitations génésiques (1).

Il ne suffit pas d'être un savant, d'avoir un grand nom,
pour qu'une affirmation quelconque ait de la valeur, il
faut encore qu'elle soit appuyée de faits incontestables.
Toffoli affirme que la rage peut être spontanée; scientifiquement il ne le prouve pas, scientifiquement la preuve
de la rage spontanée est encore à faire.

SIÉGE DE LA RAGE.

Le siége de la rage n'est pas déterminé par les rares
auteurs qui en ont écrit.

Quant à moi, je pense ne pas être trop téméraire en
émettant l'opinion suivante :

Il est probable que le virus rabique, après inoculation,
entre dans le sang qui lui sert alors de matrice jusqu'à
maturité. Ensuite il a pour émonctoire les glandes salivaires. Tant que le virus reste disséminé dans le sang, il
n'est pas inoculable ; les expériences de Renault le prouvent. Mais, lorsqu'il est accumulé dans la bouche par les
canaux salivaires qui l'y déversent, qui l'y concentrent, il
est éminemment contagieux soit expérimentalement, soit
par inoculation naturelle par les dents pointues du chien.

(1) M. Ménécier a fait ces expériences, comme le rapporte M. Roucher,
et le résultat en est contraire à celles de Toffoli; mais pour moi elles ne
sont pas suffisantes, parce qu'elles n'ont pas été faites dans les conditions
voulues, les sujets, dès leur naissance, n'ayant pas été isolés de tout rapport extérieur.

CHAPITRE VI

GUÉRISON DE LA RAGE

Le Dante nous fait descendre dans l'enfer où habitent les méchants après leur mort. « Lasciate ogni speranza, » laissez toute espérance, leur dit-il, lorsqu'ils y entrent. Et il considère comme le plus grand des supplices qui torturent les maudits cette perte de l'espérance. Souffrir, souffrir encore, souffrir toujours, n'est rien ; les philosophes stoïciens narguaient la douleur. N'espérer plus en qui ni en quoi que ce soit est terrible. Et c'est là, hélas ! la situation de l'homme enragé.

Sur 1,219 chiens enragés qui sont entrés à mon infirmerie, j'ai eu la douleur d'en voir la moitié au moins, conservés pour des raisons de prudence, jusqu'à ce que la mort vint les frapper. Pas un n'a été épargné. Pas un de ces malheureux animaux atteints de la rage n'a pu s'en guérir.

Il semble pourtant qu'un rayon de lumière vienne diminuer la tristesse causée par cette hécatombe. Le virus rabique détruit-il toujours la vie. La solution de ce problème, si elle était négative, serait bien consolante et cette solution désirée, nous l'avons. Les expériences du savant Renault ont démontré qu'un quart des animaux inoculés reste indemne.

On admet aujourd'hui l'existence de natures réfractaires à l'action du virus rabique, qu'y a-t-il d'impossible

à ce que des tempéraments privilégiés luttent énergiquement contre les principes dissolvants du poison inoculé
et sortent quelquefois victorieux de ce combat dont la vie
est le prix?

M. Decroix dans un intéressant petit ouvrage qu'il a
publié en 1868 (1) cite plusieurs observations de cas de
guérison de la rage qui, certes, sont affirmatives, puisqu'il avait inoculé lui-même les sujets de ses expériences; que ces animaux après un certain temps ont
donné des signes évidents de rage et en ont guéri, par
leur propre force.

Le 18 juillet 1862, il inocula en Afrique la rage d'un
homme à un chien. Seize jours après, ce dernier eut
des symptômes de la rage, mais il se rétablit. Ce vétérinaire distingué rapporte également qu'à l'article « Rage »
du Dictionnaire publié, en 1850, par les professeurs de
l'École vétérinaire de Lyon, on voit : « que l'on a con-
« staté dans les hôpitaux plusieurs cas de guérison de la
« rage. »

Je ne puis personnellement appuyer cette opinion de
faits aussi positifs que ceux qui précèdent. Mais, dans
l'ensemble de mes observations, j'ai été parfois saisi de
l'évidence de faits qui s'en rapprochaient. Ils manquent,
à la vérité, de la sanction principale, *l'état rabique bien
et dûment prouvé des animaux qui avaient mordu les sujets observés.* Cependant, tels qu'ils sont, je les livre à la publicité, dans la pensée qu'ils pourront fortifier l'avenir
d'une question qui intéresse à un si haut point l'humanité.

1° Le 26 août 1868, M. Roussier, rue de Turbigo, 38,
conduit à mon infirmerie un chien métis blanc et marron,
âgé de 18 mois.

(1) *De la rage,* curabilité, traitement.

Ce sujet avait été mordu, depuis environ deux mois, par un *chien inconnu*.

Symptômes : Contre son habitude il a quitté son logis, il a mangé des poireaux crus, de la paille, de la corne, il lèche le sol et renifle.

Il sortit non enragé.

2° Le 9 novembre 1868, M. Hervieux, 142, rue de Lafayette, m'amena un chien de chasse orange, âgé de 2 ans.

Il y a cinq mois, ce chien a été mordu au nez par un *chien inconnu*, il perdit par sa blessure beaucoup de sang et la plaie fut cautérisée huit minutes après l'accident.

Symptômes : Il a mangé beaucoup d'herbes, il a des vomissements, gratte, ronge le bois, le carton, sa voix est altérée. Son propriétaire trouve pour le moment l'ensemble des habitudes de son chien très-drôles.

Sorti non enragé.

3° Le 17 avril 1869, M. Dehais, rue Vieille-du-Temple, 117, me conduisit un chien de Terre-Neuve âgé de 15 mois, qui avait été mordu six semaines plus tôt par un *chien inconnu*.

Arthur (nom du chien) grogne, il veut mordre son maître, ses domestiques.

Sorti non enragé.

4° Le 12 novembre 1873, madame Martin, 9, rue d'Enghien, amena à mon infirmerie une chienne, genre terrier fauve, âgée de 6 ans, qui avait été mordue trois mois auparavant par un *chien inconnu*.

Symptômes : Le jour de son entrée à l'infirmerie, elle avait vomi, mordu du bois et du charbon ; sa langue sortait de sa gueule et y rentrait par mouvements continus.

Sortie non enragée.

Le désir de voir enfin une porte de salut entr'ouverte
aux malheureux désespérés m'a peut-être fait attacher
trop d'importance aux faits qui précèdent; ils m'ont cependant fait accueillir favorablement l'opinion de la possibilité de guérison de la rage par le seul effet des forces
de la nature. Cette théorie répond d'ailleurs à l'idée de
l'éminent docteur Jules Guérin, lequel admet, pour certaines maladies virulentes, une *période d'ébauche* suivie
de guérison.

Aussi convaincu que mes devanciers de l'impuissance
des remèdes que possède la pharmacie moderne, j'emploie
toute mon énergie à calmer le moral des personnes mordues par des chiens sains ou enragés.

Il est à noter que les personnes simplement contu-
sionnées ou chez qui la peau, entamée d'une façon presque imperceptible, ne laisse pas place à effusion de sang,
n'en éprouvent aucun effet, même si l'animal est enragé.

Pour les individus mordus avec quelque danger, dont
l'imagination surexcitée peut produire dans le système
nerveux des dérangements beaucoup plus graves que
ceux produits par la morsure elle-même, morsure qui
n'entraîne que très-exceptionnellement l'inoculation, on
doit, à mon avis, employer tout ce qui peut les rassurer :
amulettes, potions empiriques, voir même la fameuse
clef de Saint-Hubert, peuvent produire d'heureux effets
chez ceux qui croient en leur vertu.

Voici, pour clore ce chapitre, l'histoire d'une situation
originale.

Un jour, un des chauffeurs du remorqueur qui sta-
tionne dans le canal Saint-Martin, au coin du faubourg
du Temple, entra dans mon cabinet; il était aussi sur-

excité que possible, il y avait de quoi. Ses mains, ses bras venaient d'être labourés par les dents d'un chien enragé : « Je suis perdu ! » me dit-il. — « Ah ! farceur, lui répondis-je en riant, encore comme les autres vous, vous croyez à la rage. » Et, pendant ce colloque, je posais la pierre infernale sur les plaies. « Vous ne savez donc pas, malheureux, qu'on a découvert le contre-poison de la rage et qu'il existe aujourd'hui une potion infaillible contre ce mal ? — Oh ! dites-moi, Monsieur, où la trouver ? » — « Attendez un moment, je vais vous la préparer. »

Un instant après j'avais à la main un verre d'eau colorée, non pas avec du vin ou de l'alcool, il eût pu s'apercevoir de la supercherie, mais avec une liqueur colorante quelconque, et, le lui présentant : « Mon brave, buvez-moi ça, et je réponds de vous. » Il fit un bond sur mon verre d'eau qu'il but voluptueusement, il ne savait comment me témoigner sa reconnaissance. Quand il partit, il était calme et rassuré. Je ne l'ai plus revu.

CHAPITRE VII

ERREURS DE DIAGNOSTIC

Leurs conséquences.

M. X..., rue Chapon, m'amena, en 1869, un chien braque sous poil cuivré, qui, me dit-il, ne mangeait plus depuis deux jours.

Cet animal avait la gueule béante, il bavait ; l'expression de son regard était triste, le globe de l'œil était dévié.

Je diagnostiquai la rage calme.

Ce chien fut mis dans la loge des enragés, je l'examinai souvent ; le sixième jour il n'y avait aucune modification à son état. Ordinairement, à cet âge de la maladie, ou les enragés sont morts, ou ils sont dans un état de paralysie avancée.

J'ordonnai que l'on sortît cet animal de sa loge, et, à l'aide du pas d'âne, je visitai l'intérieur de sa bouche. Je trouvai, alors, un os implanté en arrière de la dernière molaire, dans le pilier droit du voile du palais.

L'os enlevé, le chien fut instantanément guéri.

Le même fait, mais pour une autre cause, s'est présenté en 1870, sur un loulou de 10 ans, appartenant à madame X..., rue Beaubourg. Il avait aussi la gueule entr'ouverte, avec écoulement de salive, et l'expression du regard navrante.

Pour celui-là aussi, je conclus à la rage muette.

Mais, la durée de sa maladie dépassant la moyenne ordinaire, je conçus des doutes, et, après inspection des mâchoires, je constatai qu'une des dents molaires de l'arcade gauche de la bouche ayant presque quitté son alvéole écartait, à la manière d'un coin, les deux maxillaires.

Je la fis tomber, le malade fut guéri.

Si ces deux chiens se fussent débarassés eux-mêmes, l'un de l'os, l'autre de la dent qui les gênaient, j'aurais eu la conviction que j'avais assisté à deux cas de guérison de la rage; de même que s'ils étaient morts d'inanition, parce qu'il leur était impossible de manger, j'en aurais conclu qu'ils avaient succombé à une inoculation du virus rabique.

Ces deux observations nous indiquent combien il est important, en tout ce qui concerne la rage, d'examiner si quelque cause naturelle n'induit pas en erreur celui qui observe un fait extraordinaire.

Bien des fois j'ai vu des chiennes qui, sous l'influence d'aberrations maternelles, simulaient des atteintes de rage à un point dont on n'a pas idée. L'accès passé, l'animal redevenait calme.

Il y a donc lieu de suspendre plus longtemps son diagnostic sur la chienne que sur le chien. Ceci est très-important dans les cas où des personnes ont été mordues par le sujet observé.

Pour clore ce qui a trait aux erreurs de diagnostic, je cite le fait suivant qui se reproduit fort souvent.

Le 12 novembre 1873, M. Legrand, boulevard Saint-Denis, 19, fit conduire à mon établissement un chien braque, âgé de 6 ans, sous poil blanc et marron, qui avait été mordu à l'oreille gauche cinq jours auparavant.

Sur le moment, je ne vis rien d'insolite en cet animal, je le fis cependant conduire dans la loge d'observation.

Trois heures après, il donna les signes les plus évidents de la rage.

Il reste, pour moi, péremptoirement démontré que ce chien était déjà enragé le 7 novembre et qu'il fut blessé à l'oreille en provoquant, sous l'influence de sa cruelle maladie, les animaux de son espèce.

C'est à des faits de cet ordre qu'il faut rapporter les incubations à très-courte durée, rapportées par quelques personnes qui prennent les effets pour les causes.

CHAPITRE VIII

DANGERS QU'OFFRE LA PRATIQUE DE LA MÉDECINE ENVERS LES CHIENS

Chaque branche de la médecine entraîne pour l'homme qui la cultive consciencieusement des risques mortels ; la médecine humaine, la médecine vétérinaire ne comptent plus leurs victimes.

Aussi ne saurait-on trop recommander à ceux qui se destinent à la pratique de l'art vétérinaire d'être toujours sur leurs gardes lorsqu'ils traiteront des chiens, sans cependant, pour cela, être pusillanimes. Tous ne sont pas dangereux, puisque nous avons vu que sur 100 malades, 8 seulement sont contaminés. Il ne serait donc pas juste que les 92 atteints seulement de maladies ordinaires fussent trop longtemps séquestrés ; leur état de santé pouvant réclamer l'application immédiate des soins de l'art.

Mais, je crois de mon devoir d'engager fortement à porter toujours sur soi des matières caustiques pour en faire l'application immédiate sur toute plaie provenant de la morsure d'un chien quelconque ; attendu que, malgré une longue pratique, on peut courir de grands risques, comme le prouvent les faits suivants :

1° Le 25 décembre 1865, M. Plon, rue Saint-Gilles, 5, m'amena une chienne épagneule de petite espèce, âgée de 2 ans ; elle avait été blessée à l'œil droit par la griffe d'un chat. Il était nuit (de 7 à 8 heures du soir). Placé près de la lumière, j'allais écarter les paupières avec les doigts pour apprécier l'importance de la blessure, quand, tout à coup, par un mouvement brusque, cette petite bête se jeta sur ma main et prit mon pouce entre ses dents sans cependant l'écorcher.

Cette manière fébrile de mordre m'inspira quelques craintes qui n'étaient que trop fondées. J'avais affaire à une chienne enragée. Elle avait été mordue quinze jours auparavant par le chien de M. Prieur, mort de la rage dans mon établissement. La blessure qu'elle avait à l'œil provenait de ce que la petite épagneule, dans un accès de rage, s'était précipitée sur un chat pour le mordre, celui-ci l'avait griffée en se défendant.

2° Le 3 avril 1866, M. Labbé, 16 rue de Courtille, fit porter par un enfant à mon établissement un chien métis marron âgé de 6 mois, qui avait la patte fracturée.

Je trouvai cet animal très-irritable ; quand je voulus apprécier l'état de sa blessure, il chercha à me mordre. Je mis ses intentions hostiles sur le compte de la douleur. Je posai l'appareil et, à peine quittait-il la table d'opération, qu'un cri qu'il poussa me fit découvrir qu'il était enragé.

L'enfant qui m'avait apporté ce pauvre animal n'avait donné aucun renseignement ; je fis mander immédiatement son propriétaire qui me dit avoir, d'un coup de pied, cassé la patte de son chien. Il lui avait administré cette correction parce qu'il venait de mordre son enfant. Le maître ne se doutait nullement de la maladie dont était atteint son chien.

Ces faits montrent de quelle importance est pour le vétérinaire de se bien renseigner sur les antécédents des sujets qu'on soumet à sa consultation.

Il faut surtout prendre des précautions toutes particulières à l'égard des chiens qui ont la gueule béante, se grattent le nez, comme s'ils étaient gênés par la présence d'un corps étranger dans la bouche, un os par exemple. Le plus souvent ces malades ont la rage mue, et le corps étranger accusé par les propriétaires n'existe que dans leur imagination.

Il arrive pourtant, parfois, que des aiguilles, des os, des morceaux de bois, implantés dans la muqueuse buccale ou encore des dents sorties de leur alvéole forcent l'animal à écarter les mâchoires et le font simuler la rage mue.

C'est une exception.

CHAPITRE IX

CONDUITE DES VÉTÉRINAIRES ENVERS LEURS CLIENTS

L'enquête sur les antécédents du chien mené à la consultation devra être d'autant plus circonstanciée que notre esprit en aura perçu à première vue une impression plus fâcheuse.

Il est de la plus grande importance de ne pas s'exprimer sur la nature du mal, s'il s'agit de la rage, avant de s'assurer si les maîtres de l'animal n'ont pas été mordus. Malheureusement, ce renseignement n'est pas toujours facile à obtenir, car il n'est pas souvent à la connaissance de ceux qui présentent le chien suspect, et, comme nous l'avons déjà vu, il y a souvent mauvaise foi dans leurs déclarations.

Dès que l'on apprend qu'un individu a été mordu, il faut taire l'état rabique du chien, cautériser immédiatement le blessé si c'est lui qui conduit l'animal (bien des fois cela m'est arrivé), donner à la famille, à la police les conseils les plus prudents, afin que la personne mordue suive les prescriptions urgentes nécessaires à son état, tout en ignorant à quelle terrible inoculation elle est exposée.

L'épouvante qui saisit l'homme mordu par un chien enragé ou non est parfois navrante.

Madame X..., rue Dauphine, fut mordue par un chien

âgé de 6 mois qui n'avait que des convulsions, mais qu'elle croyait enragé. Elle resta longtemps sous l'influence de la peur, elle ne pouvait dormir et n'éprouvait de soulagement que dans mon cabinet, lorsque je lui démontrais le peu de fondement de ses appréhensions.

M. X..., rue de Rivoli, ayant été mordu par un chien parfaitement sain, fut tellement frappé de la peur de la rage que, pendant deux ans, il resta sous cette influence et parfois il disait à ses domestiques : «Allez-vous-en, j'ai envie de vous mordre.»

De savants vétérinaires de Paris, Vatel, Barthélemy, Leblanc père ont ressenti des impressions extrêmement pénibles après avoir été atteints par la dent de chiens suspects ou enragés.

Le 25 novembre 1863, M. Decroix, qui s'occupait déjà de prouver la possibilité pour l'homme de faire entrer, dans son alimentation, des viandes d'animaux morts de maladie, sans pour cela s'exposer à aucun danger, se trouvait avec M. Pierre Sanson et moi ; il avala, devant nous, un morceau de viande crue pris dans les muscles d'un chien mort de la rage.

Ce bienfaiteur de l'humanité et des animaux, à qui l'on doit, sans conteste, l'institution des boucheries pour le débit de la viande de cheval à Paris, institution qui rend de si grands services à la classe laborieuse et qui épargne souvent des années de souffrance à un animal auquel l'homme doit tant, M. Decroix, dis-je, prit connaissance peu de temps après d'une brochure de Gohier, ancien directeur de l'École vétérinaire de Lyon, dans laquelle ce savant affirmait avoir communiqué la rage à des chiens en leur faisant manger de la viande provenant d'animaux rabiques. Il fut si vivement impressionné de cette découverte qu'il ressentit pendant quelques jours des constrictions à la gorge et eut des insomnies. Convaincu que le virus rabique n'existait que dans la salive, il finit par se calmer.

M. Decroix pouvait impunément poursuivre ces expériences, puisqu'il m'est arrivé plusieurs fois de faire manger à des animaux de la viande de chien enragé, sans qu'aucun cas d'inoculation se soit produit, contrairement à ce que dit Gohier ; je dirai même que, pendant deux ans, j'ai fait manger à des chiens qui m'appartenaient de la viande imbibée de la bave d'animaux enragés, sans aucun résultat.

J'appellerai l'attention du lecteur sur le fait suivant avec lequel je terminerai cette nomenclature qui n'en finirait point si je voulais citer tous les exemples de ce genre que j'ai constatés.

M. X.., rue Amelot, amena à ma consultation, en 1870, une magnifique chienne de chasse atteinte de rage muette des mieux caractérisées. Je l'interrogeai longtemps pour savoir si l'animal n'aurait pas mordu quelque personne dès le début de la maladie. Il me répondit péremptoirement que non. Alors je déclarai la vérité, et l'animal resta à mon infirmerie où il mourut bientôt.

Je fis immédiatement ma déclaration au commissaire de police du quartier de ce client. Je ne saurais trop recommander de ne pas négliger cette formalité qui, au reste, est prescrite par la loi. Elle aide beaucoup la police, par les investigations auxquelles elle permet à celle-ci de se livrer, à couper le mal dans sa racine et à éviter ainsi bien des inoculations.

Mais, revenons à mon sujet. Je reçus, dix jours plus tard, la visite du frère de M. X.., qui m'apprit qu'il avait déjà la jaunisse et refusait toute nourriture. Il s'était rappelé s'être servi, pour essuyer la salive qui tombait de la gueule de son chien, d'un mouchoir avec lequel il s'était mouché ensuite ; il était persuadé que cela avait suffi pour lui inoculer le virus rabique, et cette idée s'était si fortement emparée de son esprit qu'il s'était mis au lit et dépérissait à vue d'œil.

Son frère venait me supplier de lui indiquer un moyen de le sauver.

Son idée est complétement fausse, lui dis-je, il faut à tout prix l'en dissuader. — Oui, me répondit-il, mais le malheur est qu'il ne nous croira pas, il ne faudrait pas qu'il se doute que c'est pour le consoler que nous agissons. — Eh bien, ma foi, nous mentirons.

Immédiatement je rédigeai un contre-rapport dans lequel je déclarai : qu'ayant observé depuis quelques jours plusieurs chiens malades, présentant des symptômes identiques à ceux de la chienne de M. X.., et qui n'étaient pas, pour cela, enragés, je concluais à une erreur de diagnostic expliquée parfaitement par la disposition des mâchoires, disposition qui était inévitablement le résultat d'une contraction nerveuse produite par une vive émotion. Je remis cette pièce au commissaire de police en le mettant au courant de l'affaire ; elle parvint de son bureau chez le malade.

Que le lecteur me pardonne d'avoir menti ; M. X..., fut sauvé.

CHAPITRE X

MÉDECINE LÉGALE

Quelquefois, je suis prié par la police de faire l'autopsie des chiens sacrifiés par les sergents de ville ou les habitants ameutés aux cris de « ce chien est enragé. » En pareil cas, mon examen porte principalement sur les faits que l'enquête peut me fournir relativement aux antécédents du chien occis.

Il suffit de renseignements bien circonstanciés pour établir assez sûrement la position du cas que l'on a sous les yeux.

Dans cette périlleuse occurrence, je ne dis pas avec le sage Zoroastre: « Dans le doute, abstiens-toi ;» mais, même sans croire à la rage, je prends soin que des mesures préventives soient immédiatement adoptées à l'égard des personnes ou des animaux mordus, tout en dérobant à la connaissance des individus intéressés tout ce qui pourrait leur donner vent de quelque danger.

Mais si le chien accusé de rage s'est livré de son vivant à des agissements insolites qui l'ont signalé à l'attention des agents de police ou du public, et qu'à l'autopsie on trouve des corps étrangers dans l'estomac, tels que : paille, graviers, etc., on peut en conclure l'existence de la rage ; et généralement ce diagnostic est juste, l'exception en confirme la règle.

Si le tube intestinal ne renferme dans tout son trajet aucune matière étrangère à la nourriture, Il n'en faut

pas conclure que le chien n'était pas enragé, en voici la
preuve :

M. Heckenbinder, place des Trois-Couronnes, bureau du
génie, avait un chien qui fut mordu à l'œil par celui
d'un habitant du quartier. Ce dernier fit abattre sa bête
et porter son cadavre dans un de nos premiers établisse-
ments vétérinaires pour y faire constater son état. Il lui fut
délivré un certificat attestant que la bête n'était pas morte
enragée, attendu que l'on n'avait rien pu découvrir
d'étranger à l'alimentation ni dans l'estomac, ni dans
l'intestin.

Or, le 27 février, le chien de M. Heckenbinder entrait à
mon infirmerie suspect de rage.

L'état rabique de ce sujet ne fut pas un instant douteux dans mon esprit; et, effectivement, le 28, les symptômes s'aggravèrent, il mourut le 30.

Autopsie : pommes de terre, cartilages dans l'estomac,
rougeur de la muqueuse.

D'après ce qui précède, on voit que si l'expert n'est pas
éclairé par les renseignements, qu'il est à même de re-
cueillir, sur ce qu'était, de son vivant, l'animal qu'il
consulte à l'état de cadavre, l'autopsie même la plus favorable peut l'induire en erreur. Je l'ai déjà dit, les
chiens qui ont le pica ou des convulsions, les jeunes
pendant la dentition sont sujets à ingérer toute espèce de
corps étrangers à la nutrition. Pour l'exactitude du jugement, il faudra donc toujours avoir égard à ces particu-
larités.

Je recommande tout spécialement aux agents de police, lorsqu'ils le peuvent, sans danger pour la salubrité
publique, d'acculer dans un endroit quelconque les
chiens suspects et de ne pas les abattre avant qu'un vétéri-

naire n'ait caractérisé le cas où ils se trouvent. Les chiens épileptiques, convulsionnaires ou ahuris par la perte de leur logis, peuvent très-bien passer aux yeux du public pour des chiens enragés. Et, lorsque ces chiens ont mordu quelques personnes, il y aurait une grande satisfaction pour ces dernières à apprendre que la blessure qu'elles ont reçue ne met nullement leurs jours en danger.

C'est pour la même raison que les chiens enragés qui entrent dans les infirmeries vétérinaires doivent y être conservés et même nourris, toutes les fois qu'ils acceptent des aliments. Il peut y avoir erreur de diagnostic et, lors même que le chien est enragé, sa mise à mort immédiate peut avoir, si elle est connue, une influence des plus fâcheuses sur l'esprit de ses victimes.

CHAPITRE XI

LÉSIONS CADAVÉRIQUES.

Le 3 mars 1861, M. Roberty, rue Vieille-du-Temple, 123, amena à mon infirmerie un loulou de 3 mois qui venait d'être mordu par un chien errant. Il était alors malade de l'affection dite des jeunes chiens (catarrhe muqueux) et avait un commencement de pneumonie lobulaire.

Je le traitai à l'iodure de potassium, et il entrait en convalescence quand, le 28 avril, on remarqua un changement subit dans sa physionomie ; il avait envie de mordre, pourtant il mangeait avec appétit et buvait comme à l'ordinaire, sa voix avait pris le timbre de la rage ; le 29, ses forces commencèrent à diminuer. Le 30, je lui présentai du mou avec des pinces, il se jeta dessus avec frénésie et l'avala goulûment. Le 1ᵉʳ mai, il était mort.

A l'autopsie je trouvai dans l'estomac et dans l'intestin du coton provenant de mes matières de pansement, qui était tombé dans sa niche. La membrane muqueuse de ces organes était saine.

Dans la poitrine, le poumon était marqué de points indurés isolés, résultat de la pneumonie lobulaire. Les bronches contiennent des sécrétions spumeuses abondantes que l'on remarque également dans la trachée. On constate aussi la présence d'excoriations sur la muqueuse qui tapisse le bord antérieur des cartilages arythénoïdiens.

De nombreuses autopsies de chiens enragés pratiquées par des vétérinaires, des médecins, celles que j'ai faites moi-même ne fournissent pas plus de renseignements que celle qui précède.

D'où je conclus que l'anatomie pathologique ne recueille dans l'espèce que des altérations produites en dehors de toute action spécifique du virus rabique, et dues uniquement à des actes purement mécaniques, tels que : l'irritation de la muqueuse fort sensible qui tapisse le pharynx et le larynx, provenant du frottement accéléré de l'air, pour les aboiements que certains chiens enragés font entendre ou des attaques de corps étrangers sur cette même membrane, tels que graviers, poils, pailles, etc., qui sont ingérés dans l'estomac où par leur présence ils causent de l'irritation dans ce viscère et provoquent des vomissements qui sont quelquefois sanguinolents.

Toutes les recherches auxquelles je me suis livré sur le système cérébro-spinal et sur les glandes salivaires ont été sans résultat, je n'ai rien pu découvrir à l'œil nu. Je me propose de les continuer à l'aide du microscope.

Quelques auteurs ont cru que la vacuité de la vessie et un léger changement de texture des reins étaient une conséquence de la rage. C'est une erreur, cette altération est commune à bien des maladies, et elle n'est pas constante, bien des chiens enragés ayant ces parties complétement saines. Souvent nous avons constaté la plénitude de la vessie. M. Palat, vétérinaire militaire, et M. C. Leblanc ont fait la même remarque.

La seule observation que j'aie faite et qui soit une des conséquences directes de la maladie, c'est la coagulation plus rapide du sang veineux du chien enragé, qui est plus rutilant que celui de l'animal sain.

En résumé, jusqu'à ce jour, on n'a pu constater aucune lésion intérieure produite par le développement de la rage sur un individu; un voile impénétrable nous les a cachées. C'est vers ce point que doivent à l'avenir tendre toutes nos investigations, attendu que de la connaissance de ces lésions découleraient un traitement rationnel de la rage et peut-être la curabilité dans la plupart des cas.

Cette étude est l'œuvre de l'avenir, le présent pour moi est clos. Il a fait connaître comment se propage la rage et les moyens d'hygiène à lui opposer, c'est avoir fait faire à la question un grand pas.

Si la morsure d'un animal enragé implante le germe fatal dans le sang, évolué, à l'état de maturité, le virus rabique devient à son tour un terrible mordeur, il déchire, il remplit d'épouvante l'être qui en est dévoré, il anéantit les organes qui président aux fonctions nobles de la vie.

De quelle manière et pourquoi tue-t-il? C'est le terrain nouveau à explorer.

DEUXIÈME PARTIE

CHAPITRE PREMIER

INTRODUCTION A L'ÉTUDE DES CAUSES DE LA PROPAGATION DE LA RAGE

On a vu au chapitre des causes de la rage qu'en Orient, aux temps anciens, le virus rabique était connu. Ce mal paraît avoir suivi le mouvement de la civilisation, et il s'est particulièrement fixé en Europe.

A Constantinople on ne signale que de rares cas de rage ; cependant, le savant docteur Roucher, dans son traité *De la rage en Algérie*, montre que, contrairement à l'opinion de certains auteurs, la rage existait dans cette région avant notre conquête, et il en donne la preuve irrécusable dans le mot « mkloub, » qui en arabe signifie rage. Mais, depuis la conquête, les travaux de ce savant et les documents qu'il a puisés au conseil d'hygiène fournis par beaucoup de médecins, notamment les docteurs Dussourt, Rossignol, Bergot, J. B. Toussaint, et de vétérinaires tels que MM. Hugo, Decroix, etc., et les observations qu'il a faites lui-même, établissent d'une manière certaine que les cas de rage sont très-fréquents en Algérie, surtout parmi les chiens qui ne subissent aucune séques-

tration. Je suis heureux de constater que l'œuvre re-
marquable de M. le docteur Roucher, quant aux circonstances qui favorisent l'évolution du virus rabique en Algérie, concorde avec les résultats de l'étude que j'ai faite
à Paris. Ainsi M. J. B. Toussaint, cité plus haut, « considère, comme surtout favorable à la rage en Algérie, la
période d'octobre à mars, » ce qui concorde exactement
avec mes observations personnelles, et ce n'est que
par des rapports venus de France en Algérie, que M. Roucher a pu croire qu'il en était autrement en France,
rapports qui sont erronés comme on le verra plus loin.

Toutefois, les faits généraux indiquent que le virus rabique sévit avec intensité dans les contrées dont le
climat est tempéré, tandis que le contraire a lieu dans les
régions dont la température est ardente.

On attribue cette différence à plusieurs causes, telles
que : la liberté dont jouissent les chiens dans ces pays, la
proportion égale qui existe entre les mâles et les femelles, etc., etc. Tout cela n'est pas autre chose que des
on dit, sur lesquels on ne peut faire aucune foi. Ce ne
sont pas de simples impressions de voyageurs, savants
sans aucun doute, mais pour qui cet objet est accessoire,
ce ne sont pas leurs récits qui pourront éclairer cette
difficile question.

Les recherches du docteur Boudin établissent que l'A-
mérique n'a connu la rage qu'à la suite de l'importation
des chiens européens dans ces vastes contrées. Au Pérou,
notamment, elle apparut pour la première fois en 1803,
époque à laquelle on signala des phénomènes patholo-
giques à l'état épizootique sur tous les animaux et sur
l'homme même. Ces faits, rapportés par Fleming, me paraissent surprenants et je me range complétement à l'o-

pinion du savant M. Bouley, qui dit, avec beaucoup de
raison, que cette observation n'a pas été recueillie avec
la sûreté de vue que donne la compétence médicale.

Il se pourrait que l'épizootie observée au Pérou, en
1803, fût une affection différente de la rage, bien qu'affectant plusieurs de ses symptômes.

Il résulte d'une correspondance suivie que j'ai entre-
tenue avec un de mes parents qui habite la Cochinchine,
que de mémoire d'Annamite on n'aurait pas entendu parler de rage dans ce pays, malgré l'intensité de la chaleur
et des pluies qui y règnent si souvent.

Il y a quelque temps, j'ai de nouveau envoyé un ques-
tionnaire en Cochinchine, et si j'apprenais qu'il se passât
dans ce lointain pays quelque fait intéressant la question
qui nous occupe, je m'empresserais de le faire connaître.
Pour le moment, mes recherches se concentrent sur ce
vaste champ d'observations que l'on appelle Paris. A mon
sens, nulle part on ne peut trouver pareille abondance de
preuves scientifiques, et ce n'est pas sans étonnement que
j'ai vu quelques hommes des mieux placés pour explorer
cette mine féconde, aller chercher à Berlin ou ailleurs
des statistiques sur lesquelles ils pussent fonder leurs
théories, lorsqu'il y en avait eu de beaucoup plus sérieuses publiées à leur porte.

La population canine abonde dans l'immense capitale
de la France (il y a plus de 60,000 chiens inscrits), et l'é-
lément rabique y fait chaque jour quelque victime.

C'est le dépouillement de ces cas de rage journaliers
avec leurs caractères variés à l'infini qui contient, autant
que je le puis concevoir, la plus pure, la plus vive lumière sur le mode de propagation de la rage.

La rage ne peut être contagieuse que lorsqu'il y a rapport direct entre le virus et le sang. Une piqûre en introduisant le virus dans des tissus absorbants, ou encore un simple dépôt sur des surfaces dénudées d'épiderme, établissent ce rapport.

C'est à l'état sporadique que cette maladie s'est toujours montrée en France, et les cas en ont été aussi fré-quents en toute saison. Il y a eu cependant des années où le virus rabique s'est montré plus dangereux et, en cela, il est bon de le remarquer, il n'a fait que suivre la marche commune à tous les virus, ce que j'ai observé déjà dans mes études sur la morve. Le mal peut prendre un développement considérable s'il coïncide avec le relâchement dans la tenue des chiens, si on les laisse davantage errer librement.

Ces exagérations dans la propagation de la rage ont fait croire aux observateurs superficiels que ce phénomène était dû à des causes d'un autre ordre que la cause ordinaire, la piqûre; et ils en ont, à tort, conclu qu'on devait les attribuer à des faits plus fréquents de rage dite spontanée.

CHAPITRE II

DURÉE DE L'INCUBATION DU VIRUS RABIQUE

Il y a dans l'histoire du virus rabique, ferment végétal ou animal, molécule ou atome, n'importe, tout un monde de lois qui lui sont propres et qui sont accusées par les variations de ses périodes d'incubation.

Il a, cet être infernal, sa constitution particulière, tous les organismes ne sont pas également favorables à son développement. Certains animaux se trouvent réfractaires à son action, chez d'autres elle ne produit ses effets que longtemps après.

Si je m'en rapportais aux affirmations des propriétaires, le virus rabique aurait parfois nécessité pour son évolution plus d'une année; exemple :

Le 28 juin 1864, M. Brugnières, place Saint-Victor, 28, fait conduire à mon infirmerie un chien de chasse et une chienne de même race qui, le soir même, avaient été mordus par un chien suspect de rage.

Les plaies furent cautérisées quatre heures après l'accident.

Le 1ᵉʳ août, la chienne devenait enragée.

Le chien fut observé pendant six mois, puis rendu à la liberté.

Il me fut rapporté que cet animal avait été tué dans un bois quinze mois après sa morsure, parce qu'il avait donné tous les signes caractéristiques de la rage.

Le 24 mai 1870, M. Madeleine, rue Chevert, 11, m'amena un chien loulou, âgé de 2 ans, atteint de rage muette. Il avait, disait son propriétaire, été mordu le 30 septembre 1869 par un chien suspect. Ces chiffres portent la durée de l'incubation à 8 mois.

A propos de cette dernière observation, on m'a rapporté que deux chiens de berger, mâle et femelle, le chien produit de la chienne, se trouvant devant la porte de la ferme furent mordus presque en même temps par un chien errant. Onze mois après ils devinrent simultanément enragés.

Ce fait, s'il eût été constaté par un vétérinaire, eût pu avoir une très-grande importance; les cas de rage étant rares à la campagne, il eût pu être probant. Ces deux sujets mordus à la même heure et devenant enragés à la même époque eussent certainement écarté bien des doutes de l'esprit. Malheureusement, les assertions des propriétaires sont si souvent erronées qu'il est bien difficile de s'en rapporter à elles.

Aux faits qui précèdent et qui ne sont que des ouï-dire j'ajouterai ceux qui suivent, que j'ai observés moi-même.

1° Le 13 mars 1865, M. Geffrotin, rue Vendôme, 7, fit conduire un chien terrier anglais à poil noir, qui était atteint de rage mue. Cet animal avait été mordu quinze jours auparavant par une chienne enragée morte à l'école d'Alfort.

2° J'ai parlé plus haut d'une chienne épagneule de petite espèce ayant appartenu à M. Plon. Cette petite bête est devenue enragée quinze jours après avoir été mordue par un chien, mort à mon infirmerie de rage bien accusée.

3° Le 20 avril 1869, un chien griffon aveugle que j'avais adopté et baptisé du nom de Bélisaire, et qui errait librement dans les cours de mon établissement, fut mordu par un chien enragé qu'en mon absence, un de mes garçons conduisait au chenil. Ce pauvre animal ne reçut aucun soin immédiat, et c'est seulement le lendemain que je fus informé de l'accident. J'observai une morsure à l'oreille et constatai parfaitement l'état rabique du chien qui l'avait produite. J'ordonnai immédiatement la séquestration la plus rigoureuse de ce pauvre griffon; le 2 novembre 1869, il devenait enragé. L'incubation du virus rabique avait duré cent quatre-vingt-dix-sept jours.

C'est là le cas le plus long que j'aie pu observer par moi-même; il confirme le fait que cite le savant Renault d'un cas d'incubation qui aurait duré cent dix-huit jours.

M. Goubaux, professeur d'anatomie à l'école d'Alfort, a constaté un cas de rage qui s'est développé six jours après la morsure.

CIRCONSTANCES QUI MODIFIENT LA PÉRIODE D'INCUBATION.

La période d'incubation peut être avancée ou retardée par des causes diverses.

J'ai vu deux chiens devenir enragés à la suite d'une forte contrainte, un autre au sortir du bain.

Au premier abord, j'aurais pu croire à la rage spontanée, mais ces trois chiens avaient été mordus antérieurement par des chiens enragés.

Ces observations prouvent qu'il est des causes occasionnelles qui peuvent activer l'évolution du virus rabique et forcer la rage à se déclarer subitement (1).

(1) L'économie étant minée par ce terrible virus, une étincelle peut l'enflammer.

Ayant des doutes sur l'état de plusieurs chiens, il m'est arrivé de les saigner, et je les ai vus devenir subitement enragés. Cette opération avance la mort des chiens chez qui la rage est confirmée.

CHAPITRE III

PROPAGATION DE LA RAGE

Tous les écrivains qui ont traité ce sujet s'accordent à dire que les dents canines et incisives des chiens sont le principal agent qui transmette la rage à l'homme, aux animaux herbivores, aux oiseaux et à eux-mêmes. L'inoculation produite par les animaux qui lèchent les mains ou autres parties du corps, dénudées d'épiderme, est peu fréquente, bien qu'en disent certains auteurs. Tous, à part M. C. Leblanc, n'admettent que très-exceptionnellement la spontanéité de cette maladie.

Au reste, voici ce que dit ce dernier dans un travail lu à l'Académie de médecine au mois de juin 1873 :

« La spontanéité de la rage s'observe presque unique-
« ment chez les chiens tenus en charte privée et qui ont un
« tempérament ardent.... Si elle a été plus spécialement
« constatée chez les petits chiens d'appartement, cela tient
« à la séquestration de ces animaux.... Le chien de chasse
« constamment surveillé par son maître ou le chien de
« garde maintenu nuit et jour à l'attache ne sont pas moins
« aptes à contracter la rage spontanée. »

Comme je l'ai fait ressortir dans le cours de cet ouvrage, on ne peut affirmer que le chien de chasse ou le chien de garde n'ont pu quitter leur chaîne, et, quand cela serait, un chien enragé n'a-t-il pu s'introduire furtivement auprès d'eux comme celui que nous avons vu blotti dans l'escalier de la place de la Cordonnerie (1).

Dans une étude aussi sérieuse que celle de la propaga-tion de la rage, dont les conclusions tendent à indiquer des règles d'hygiène pour s'en préserver, on ne peut accepter des dires vagues, des impressions sans doute fort respec-tables, leur auteur occupant avec distinction depuis vingt-quatre ans une haute situation vétérinaire, mais qui peuvent avoir l'inconvénient d'induire en erreur la police administrative.

Voici plusieurs faits qui en démontrent l'inexactitude :

1° La maison Ravery, de père en fils, tient l'article *chiens de luxe* et, principalement, les sujets de race ar-dente dont parle M. Leblanc. Avant de trouver acheteur, ces animaux sont souvent conservés dans cette maison pendant des mois entiers, des années même ; et ils y vivent rigoureusement séquestrés. Sur le nombre total de ces chiens, au moins les deux tiers ne servent pas à la reproduction. M. Ravery fils dit n'avoir jamais observé la rage spontanée dans son établissement. D'autres indus-triels de chiens, depuis nombre d'années, m'ont con-firmé ces dires.

L'intérêt capital que les marchands de chiens ont à surveiller avec le plus grand soin les objets de leur com-merce donne beaucoup de créance à leur affirmation.

2° M. Béraud, vétérinaire instruit, de l'école de Lyon, attaché depuis dix ans à mon établissement et qui, assuré-ment, possède de grandes capacités d'observation des phé-nomènes morbides qui se produisent sur les animaux confiés à ses soins, a eu journellement sous les yeux de jeunes animaux qui, habitués à être gâtés, choyés par

(1. Voir page 38.

leurs maîtres, se sont vu tout à coup violemment séparés d'eux, rigoureusement séquestrés et par suite privés de la satisfaction de leurs désirs génésiques. Les uns ont subi cette contrainte pendant quelques jours, mais beaucoup pendant un long temps. Jamais il n'a observé un cas de rage spontanée, même douteux.

3° J'exerce la médecine vétérinaire depuis trente ans. J'ai mis tous mes soins à chercher la raison des résultats que j'observais, m'appuyant sur des vérités scientifiques démontrées. Cette voie, je puis le dire, n'a pas été parcourue sans succès pour moi.

Depuis quinze ans, je soigne journellement quarante chiens en moyenne, tantôt moins, tantôt plus. J'entretiens d'ordinaire six chiens valides que leurs propriétaires ont abandonnés. Ces derniers qui restent dans mes infirmeries deux, trois ou six mois, voire même des années, sont bien nourris, bien tenus et parfois ardents. La séquestration la plus rigoureuse les empêche de satisfaire leurs désirs génésiques. J'observe aussi, chaque jour, près de quinze chiens malades, soit dans mes consultations de cabinet, ou dans mes visites à domicile. En outre, ma clientèle dans les riches quartiers de Paris où se trouvent principalement les petites races de prix est fort nombreuse.

Malgré toutes les observations les plus minutieuses, *je n'ai jamais pu constater un seul cas de rage spontanée*. Deux fois, j'ai cru que l'occasion s'en présenterait à moi. Je veux parler du chien de madame **X...**, rue Portefoin, et de celui de **M.Y...**, aux Champs-Élysées, que j'ai cités plus haut. Après bien des recherches, je n'avais rien découvert. Une enquête sévère est venue pour ces deux cas, comme pour tous les autres, me prouver que ces deux faits étaient dus à la spontanéité.... d'un coup de dent.

CONCLUSION

J'ai cité dans un chapitre précédent mon chien aveugle, Bélisaire, qui ne sortait jamais de l'infirmerie, le chien de madame X... rue Portefoin, que l'on portait sur les bras toutes les fois qu'on le sortait, celui de M. Y..., des Champs-Élysées, qu'on tenait constamment enfermé. Ces trois chiens ont été inoculés du virus rabique par des animaux venus du dehors, et j'en pourrais citer bien d'autres qui sont dans le même cas.

Cela prouve que les chiens les mieux tenus peuvent devenir enragés, sans qu'il soit nécessaire, pour expliquer ce fait, d'invoquer la spontanéité pour cause de séquestration, comme l'écrit M. C. Leblanc.

Contrairement à ce qu'ont dit certains auteurs, la rage peut se transmettre d'un animal à un autre sans que le virus perde rien de son intensité, en voici la preuve :

Le 13 mars 1864, M. Geffrotin, rue Vendôme, 7, m'amena un chien terrier âgé de 3 ans. Ce chien mourut enragé à mon établissement. Quinze jours auparavant, il avait été mordu par une chienne qui mourut à Alfort de la rage qui lui avait été communiquée par une chienne de Terre-Neuve.

CHAPITRE IV

STATISTIQUES

Depuis 1859 jusqu'à 1872, 18,531 chiens sont entrés dans mon établissement. Sur ce nombre 1,219 étaient enragés.

J'ai divisé, pour en faciliter l'analyse, l'espace de temps qui est compris entre 1859 et 1872, en deux périodes dont je vais m'occuper successivement.

Dans la première qui comporte inclusivement les années 1859 à 1866, il est entré dans mes infirmeries 8,639 chiens, sur lesquels 393 étaient enragés. C'est une moyenne de 4 enragés et une fraction sur 100 cas de maladies.

Parmi ces 393 animaux, 31 étaient âgés de moins de 1 an, les autres avaient de 1 à 15 ans.

Les deux tableaux suivants donnent leur classement par âge et par sexe.

PREMIÈRE STATISTIQUE

Age et sexe des 393 chiens enragés entrés dans mon établissement de 1859 à 1866.

ANIMAUX D'UN A DOUZE MOIS.

MOIS.	1 mois.	2 mois.	3 mois.	4 mois.	5 mois.	6 mois.	7 mois.	8 mois.	9 mois.	12 mois.	Totaux.
Mâles.........	»	»	2	1	2	4	3	8	1	5	26
Femelles.....	»	»	»	»	»	1	1	1	2	»	5
Totaux.......	»	»	2	1	2	5	4	9	3	5	31

ANIMAUX D'UN AN ET AU-DESSUS.

ANNÉES.	1 an.	2 ans.	3 ans.	4 ans.	5 ans.	6 ans.	7 ans.	8 ans.	9 ans.	10 ans.	11 ans.	12 ans.	13 ans.	14 ans.	15 ans.	Totaux.
Mâles..........	42	64	53	36	40	32	16	12	6	7	1	4	»	2	1	316
Femelles........	3	11	7	8	6	4	3	1	1	»	1	1	»	»	»	46
Totaux	45	75	60	44	46	36	19	13	7	7	2	5	»	2	1	362

Ces nombres publiés dans ma brochure de 1867 étaient alors les plus grands qui eussent été rassemblés. On peut en tirer des conséquences assez sérieuses, ils établissent d'une façon absolue que la rage attaque le chien à tout âge.

Dans les deux statistiques qui suivent, j'établis d'abord le classement par mois et par sexe, puis dans la suivante la race des chiens qui ont payé leur tribut à la rage. Ces deux statistiques ne sont pas sans intérêt. En effet, la première prouve par son classement par trimestre que la chaleur n'a pas l'influence qu'on y attache communément, puisque le premier trimestre et le troisième trimestre sont presque égaux, ce dernier ne dépassant l'autre que de 4 cas seulement. Si le public, si l'autorité, prennent des mesures plus énergiques pour se préserver de la rage, lorsque le temps est chaud, ce n'est donc pas que la rage soit plus dangereuse à cette époque de l'année; mais les jours qui correspondent au printemps et à l'été étant les plus longs, les désordres de rues sont plus remarqués; au reste, la rage furieuse est plus commune en été qu'en hiver, ou du moins mon registre d'infirmerie le constate. La rage mue au contraire se produit plutôt pendant la saison froide, et comme les animaux qui en sont atteints ne sont pas exaltés comme les autres, on les remarque moins, ce qui explique l'erreur que je viens de mentionner.

Relevé par mois, par sexe et par trimestre.

MOIS.	Janvier.	Février.	Mars.	Avril.	Mai.	Juin.	Juillet.	Août.	Septembre.	Octobre.	Novembre.	Décembre.	Totaux.
Mâles........	31	28	22	31	27	35	30	26	29	36	21	26	342
Femelles....	5	3	4	1	5	7	2	4	6	5	3	6	51
Totaux......	36	31	26	32	32	42	32	30	35	41	24	32	393
	1er trimestre.			2e trimestre.			3e trimestre.			4e trimestre.			
	93			106			97			97			393

Classement par races et par sexes.

RACES.	MALES.	FEMELLES.	TOTAUX.
Métis......................	102	8	110
Loups dits *Loulous*..........	76	8	84
Terriers.....................	61	16	77
De chasse...................	47	8	55
Griffons....................	19	6	25
Epagneuls (petite espèce)....	22	2	24
Barbets, Caniches...........	5	»	5
Terre-Neuve.................	5	»	5
Lévriers....................	3	»	3
Métis Carlin................	1	1	2
Bichons....................	2	»	2
Danois.....................	1	»	1
Totaux.......	344	49	393

Dans la deuxième période, de 1867 à 1872, j'ai reçu 9,892 chiens dans mon établissement, 826 étaient enragés.

Sur ce nombre 77 étaient âgés de moins de 1 an, 749 avaient de 1 à 15 ans.

J'appellerai l'attention de ceux qui attribuent aux désirs génésiques une grande influence sur les tableaux des pages suivantes. Chez les jeunes animaux, il n'y a pas apparence d'excitations génésiques violentes, et, à mon sens, on doit tout simplement rechercher la cause de la rage dont ils ont été attaqués dans une morsure qu'ils ont reçue dans la rue en errant au hasard, ce qui paraît d'autant plus plausible qu'à l'âge de 1 et 2 mois, époque à laquelle le jeune chien reste au logis, on ne constate qu'un cas de rage, tandis qu'ils augmentent ensuite rapidement à partir de l'époque où le chien commence à sortir. Lorsque les jeunes chiens qui ne sont pas encore sortis du logis deviennent enragés, c'est à leur mère qu'ils le doivent, ou bien encore à quelque animal venu du dehors.

Le deuxième tableau montre que l'âge des chiens enragés correspond exactement à l'âge des animaux que l'on rencontre le plus communément dans la rue. Ainsi on en compte beaucoup plus de 1 à 5 ans que de 6 à 10, et il n'y en n'a que quelques-uns de 11 à 15.

DEUXIÈME STATISTIQUE

Age et sexe des 826 chiens enragés entrés dans mon établissement de 1867 à 1872.

ANIMAUX D'UN A DOUZE MOIS.

MOIS.	1 mois.	2 mois.	3 mois.	4 mois.	5 mois.	6 mois.	7 mois.	8 mois.	9 mois.	10 mois.	TOTAUX.
Mâles........	»	1	4	4	6	17	8	9	9	9	67
Femelles.....	»	»	»	»	1	»	4	»	2	3	10
Totaux.......	»	1	4	4	7	17	12	9	11	12	77

ANIMAUX D'UN AN ET AU-DESSUS.

ANNÉES.	1 an.	2 ans.	3 ans.	4 ans.	5 ans.	6 ans.	7 ans.	8 ans.	9 ans.	10 ans.	11 ans.	12 ans.	13 ans.	14 ans.	15 ans.	TOTAUX.
Mâles........	101	114	129	67	73	35	31	37	21	13	4	5	3	4	1	638
Femelles.....	11	17	14	17	15	7	6	8	3	15	1	2	1	2	2	111
Totaux.......	112	131	143	84	88	42	37	45	24	18	5	7	4	6	3	749

La remarque que j'ai faite pour la première période est corroborée par le troisième tableau. Les chaleurs n'ont pas d'influence sur le développement de la rage.

Relevé par mois, par sexe et par trimestre.

MOIS.	Janvier.	Février.	Mars.	Avril.	Mai.	Juin.	Juillet.	Août.	Septembre.	Octobre.	Novembre.	Décembre.	Totaux.
Mâles	56	65	64	65	56	54	50	64	74	44	55	58	705
Femelles	11	5	12	12	11	14	10	10	8	8	12	8	121
Totaux	67	70	76	77	67	68	60	74	82	52	67	66	826
	1er trimestre.			2e trimestre.			3e trimestre.			4e trimestre.			
	213			212			216			185			826

**Classement des 826 cas de rage par races
et par sexes.**

RACES.	MÂLES.	FEMELLES.	TOTAUX.
Terriers	201	53	254
Métis.......................	191	12	203
Loups dits *Loulous*..........	38	3	41
Épagneuls	64	8	72
De chasse..................	60	15	75
Griffons	57	9	66
Barbets, Caniches...........	27	1	28
Terre-Neuve et Chien de montagne......................	25	5	30
Lévriers....................	17	7	24
Bichons....................	»	»	»
Danois	2	»	2
Havanais...................	17	7	24
Roquets	7	»	7
Totaux.........	706	120	826

Ce dernier tableau n'a pas toujours été compris. En

le faisant, j'ai tout simplement voulu établir la concordance des cas de rage et de la plus ou moins grande quantité d'individus de chaque race que l'on rencontre dans la rue d'une manière relative et point absolue, comme l'ont cru quelques personnes.

CONSIDÉRATIONS GÉNÉRALES.

On vient de voir que, dans la première période, sur 8,639 chiens, 393 étaient enragés, c'est-à-dire environ 4 p. 100 du nombre total; tandis que, pendant la seconde, sur 9,892 de ces animaux, 826 sont inoculés, c'est-à-dire plus de 8 p. 100. A quelle cause attribuer cette augmentation rapide? C'est ce que je vais étudier.

On voit d'abord que les influences génésiques n'y entrent pour rien, la population canine étant restée presque la même, par rapport à la proportion des sexes, puisque on trouve, pour les deux périodes, environ 1 chienne pour 3 chiens.

Les saisons n'y ont pas contribué davantage, puisqu'il y a peu ou point de différence entre elles.

C'est à deux autres causes bien plus importantes qu'il faut attribuer cette progression :

1° A l'augmentation du nombre total des chiens qui vivent à Paris, nombre qui, dans la première période, était de 48,000 individus, tandis que, dans la deuxième, il s'élève au chiffre de 60,000 inscrits, la population vagabonde a naturellement dû s'accroître dans la même proportion.

2° A ce que, pendant la première période, la loi sur le musellement était encore appliquée, quoiqu'on se fût déjà bien relâché à son endroit, tandis qu'elle a été totalement négligée pendant la seconde période.

La muselière produisait un double effet. D'abord, le maître du chien redoutant une contravention qu'il était forcé de payer lorsque son chien était trouvé errant sur la voie publique, le tenait enfermé chez lui, ce qui avait pour résultat de soustraire l'animal aux rencontres des chiens enragés ; ensuite, lorsque celui-ci était lui-même atteint de cette maladie, la muselière dite à panier opposait des obstacles plus sérieux à ce qu'il mordît ses semblables que la lanière de cuir ou le ruban de soie.

Quelques faits à l'appui de cette assertion :

Le 27 novembre 1863, madame Brunet, marchande de dentelles, rue Vivienne, 2, me présente un chien métis, âgé de 3 ans, atteint de la rage.

On me l'amène tenu en laisse, ce qui ne l'a pas empêché, pendant le parcours de la rue Vivienne à la rue Fontaine-au-Roi, de se jeter à la tête de beaucoup de chiens qu'on a eu peine à lui arracher de la gueule.

Le 29 février 1864, M. Marchand, rue Saint-Antoine, 222, amène à mon infirmerie un chien enragé, il le tient en laisse, et tout le long du chemin cet animal mord les chiens qu'il rencontre. ·

Le 10 juillet 1864, M. Dusautoy, 162, rue de Belleville, me conduit une chienne terrière atteinte de rage furieuse qui, menée en laisse, mord sur sa route plusieurs chiens.

Ces trois personnes ignoraient l'état de leur chien, sans quoi elles eussent pris des précautions ; mais il ressort de là très-nettement que si, alors, on avait exécuté consciencieusement l'ordonnance de police sur la muselière, on aurait dans ces trois cas évité bien des morsures qui ont, sans aucun doute, donné lieu à des inoculations.

Il est un fait incontestable, c'est que l'augmentation des cas de rage est proportionnelle à l'augmentation du nombre des chiens qui errent dans les rues, libres de toute entrave.

Ainsi, en 1869, la rage sévissait dans la proportion de 6,5 p. 100, depuis quelques années elle était en croissance.

En 1870, sur 1,642 chiens entrés à l'infirmerie, on compte 122 enragés, c'est-à-dire 7,5 p. 100.

En 1871, sur 1,176 entrés, on trouve 170 enragés, soit 14 p. 100.

En 1872, 1,571 entrés ne donnent que 135 enragés ou 9 p. 100.

Enfin, en 1873, sur 1,672 entrés, on n'a plus que 85 enragés, ce qui donne seulement 5 p. 100.

En 1870, l'habitant était arraché à son foyer par les gardes qu'il lui fallait monter au rempart; il emmenait son chien avec lui, l'animal errait à droite, à gauche, en pleine liberté; c'est par troupes qu'on les voyait suivre les bataillons de gardes nationaux. A cette époque on constate une augmentation de 1 p. 100.

En 1871, nous avons tout l'acquis de 1870, le mal s'est développé rapidement, l'augmentation est énorme; j'enregistre 14 p. 100 de cas de rage.

En 1872, le calme renaît, le chien rentre au foyer, je n'ai plus que 9 p. 100 d'enragés.

Enfin, en 1873, la proportion se trouve réduite à 5 p. 100 (1).

____

(1) Cette année a été exceptionnelle pour la réduction des cas de rage.

Je crois que ces chiffres prouvent d'une manière incontestable que l'inoculation a généralement lieu dans
la rue.

Un fait constant, puisque on le remarque dans les deux
périodes, c'est la disproportion qui existe entre les cas
de rage qui se développent sur les mâles et ceux que
l'on observe sur les femelles. Sur 1,219 enragés, il y a
1,049 mâles et seulement 170 femelles, c'est-à-dire une
proportion de 6 mâles pour 1 femelle. Cette proportion
est considérable, et il n'est pas étonnant que des auteurs
à qui les renseignements font défaut s'y arrêtent.

La raison en est pourtant bien simple.

J'ai pointé le nombre des sujets de la race canine que
je rencontrais libres dans la rue à diverses heures du
jour sur les différents points de Paris. Voici ce que j'ai
trouvé :

1er recensement :	566 mâles,		114 femelles (1).	

1er recensement : 566 mâles, 114 femelles (1).
2e   —   66   —   11   —
3e   —   28   —   9   —
4e   —   131   —   34   —
5e   —   76   —   15   —
6e   —   153   —   48   —
7e   —   183   —   51   —
                         1208   282

Soit plus de 4 chiens pour 1 chienne.

Cela démontre que, lorsqu'un animal enragé passe dans
la rue, il a beaucoup plus de chances, en mordant au
hasard, de contaminer plus de chiens que de chiennes.

Si, d'autre part, je considère que les mâles ont une
propension plus grande à mordre ceux de leur sexe que
les chiennes, qu'en outre le caractère de la femelle est

____

(1) Ce relevé résume plusieurs jours de pointage.

plus froid que celui des mâles, qu'elle est disposée à se sauver du bruit, à se garer des combats si fréquents des animaux de sa race, je répondrai complétement à la question posée. Il résulte de là que ce n'est pas dans une immunité organique dont jouirait la chienne qu'il faut aller chercher, comme l'ont fait certains auteurs, la cause de la disproportion qui existe ; la chienne a tout autant de propension à contracter la rage que le chien.

Quelques auteurs ont prétendu qu'elle ne se trouvait pas comme le chien soumise à l'influence des désirs génésiques, attendu que chez elles ils sont périodiques, tandis que, disent-ils, chez le mâle ils sont permanents (1), et ont voulu y voir la raison de cette disproportion.

Mais, s'il en était ainsi, si les désirs génésiques non satisfaits pouvaient produire, chez le mâle, la rage, on observerait que les chiennes entrant ordinairement en rut deux fois par an, aux mois de février et d'août, les mâles se trouvant par conséquent à ces deux époques surexcités au plus haut point, devraient y contracter la rage en plus grand nombre ou au moins à quelque temps de là.

Or, je vois par les statistiques par mois qui précèdent

(1) Ceci n'est pas exact en tout point, et le mot permanent doit être pris dans une acception spéciale. En effet, le chien est apte à la reproduction de son espèce d'un bout de l'année à l'autre ; mais les désirs génésiques ne sont éveillés en lui que par les effluves que produit la chienne lorsqu'elle est en rut. Lorsque le rut est passé, généralement il considère celle-ci avec indifférence. Nous retrouvons ici une loi admirable de la nature, en vertu de laquelle les besoins des êtres sont accompagnés des moyens de les satisfaire ; et, comme la chienne qui n'est pas en rut ne se laisse généralement pas approcher par le mâle, il fallait pour que l'équilibre se fît, que ce désir ne devînt impérieux, chez lui, qu'au moment où elle le ressent aussi. En outre, je ferai observer que le chien n'ayant pas de vésicule séminale ne peut éprouver, comme cela se passe chez d'autres animaux lorsque ce réservoir est plein, une excitation de désirs qui provient de cette conformation.

que, bien loin d'être plus forts que les autres, ces mois seraient plutôt plus faibles. Généralement le nombre des cas de rage de chaque trimestre diffère peu ou point.

J'ai observé des désirs génésiques violents aussi bien sur les mâles que sur les femelles. J'ai vu des chiens, exaltés au point de refuser toute nourriture, monter des gardes impossibles près de l'objet de leurs amours, ou faire des courses effrénées.

Jamais je n'ai pu constater un seul cas de rage provenant de ces causes.

Ceux qui affirment le contraire sont trompés par les apparences et ne tiennent pas assez compte des périodes d'incubation; l'état rabique peut quelquefois remonter à plus d'un an, et, de plus, le caractère de ce mal est de pousser parfois énergiquement aux désirs vénériens.

Tableau des chiens rencontrés sur la voie publique par race et par sexe.

Races.	Mâles.	Femelles.
Métis	225	12
Loulous	110	8
Terriers	98	51
De chasse	60	12
Griffons	38	8
Caniches	22	6
Épagneuls (petite race)	20	6
Lévriers	7	9
Bichons-Havanais	21	3
Terre-Neuve et de montagne	6	5
Danois	»	1
	607	151

Ce tableau clôt mes recherches sur la voie publique; il contient la preuve : 1° que les cas de rage n'affectent de préférence aucune race, mais qu'ils sont proportionnels au nombre de chiens de chaque race habituellement libres dans la rue ; 2° que la chienne terrière, d'un caractère moins doux, plus vagabond, plus agressif que les autres et rencontrée proportionnellement en plus grand nombre sur la voie publique que les femelles des autres races, est bien plus sujette à contracter la rage.

En résumé, le nombre des enragés mâles a toujours été en rapport constant avec celui des individus de ce sexe rencontrés dans la rue.

Tableau des chats et chattes traités dans mon établissement de 1859 à 1872.

ANNÉES.	MÂLES.	MÂLES enragés.	FEMELLES.	FEMELLES enragées.
1859	38	—	7	—
1860	76	—	15	1 (1)
1861	70	—	11	—
1862	80	—	12	—
1863	77	—	11	—
1864	81	—	25	—
1865	105	—	20	—
1866	92	—	21	—
1867	122	—	23	—
1868	194	—	17	—
1869	105	—	26	—
1870	58	—	20	—
1871	43	—	11	—
1872	42	—	19	—
	1093	—	238	1

Le tableau des chats prouve que c'est complétement à tort que l'on accuse la séquestration de produire la rage, puisque, sur 1,331 chats, un seul est affecté de cette ma-

(1) Entrée le 26 octobre, cette chatte avait été mordue à la lèvre par un chien enragé.

ladie, et, encore, parce qu'il a été mordu par un chien
enragé. Non, quoi qu'on ait écrit, les mœurs des chats qui
vivent dans une séquestration absolue n'ont jamais pu
me faire assister à un cas de rage spontanée ; bien plus,
cette séquestration les fait jouir d'une immunité presque
complète, la rage ne se propage pas entre eux.

Jamais je n'ai entendu dire qu'un chat ait communiqué
la rage à un autre chat ou à un chien. Deux fois j'ai constaté qu'un chat avait contracté la rage après avoir été
mordu par un chien; la première fois, en 1859, le cas qui
figure au tableau, la seconde fois, au mois de septembre 1873. Le chat de madame X..., rue Julien-Lacroix,
avait été mordu par un chien enragé. Celle-ci n'y prit
garde et, mordue par son chat, dans un de ses accès de
rage, elle mourut enragée. L'animal était châtré.

Il y a à Paris beaucoup de chats que leurs propriétaires
font châtrer. Je ne nie pas ce fait, mais je ferai observer
qu'il y a au moins un chat entier sur dix, qu'en outre la
chatte est peut-être de tous les animaux celui qui ressent
le plus vivement les désirs génésiques, et pourtant, de 1859
à 1872, je n'ai à signaler qu'un cas de rage sur la chatte (1),
dû à la morsure d'un chien enragé. Après cela, peut-on
soutenir que les désirs génésiques non satisfaits produisent
la rage spontanée?

J'ajouterai que mes observations faites au Jardin des
Plantes sur les félins nient énergiquement la possibilité
de la rage spontanée, comme résultat de la séquestration.
Les lions, les jaguars, les tigres sont soumis à une séquestration absolue, et si les lions, les jaguars ont la possibilité
de satisfaire leurs désirs génésiques, ce dont ils ne se font

(1) Je fais remarquer que la plupart des chattes en amour, dans Paris,
ne reçoivent point satisfaction.

pas faute, il n'en est pas de même des tigres auxquels on refuse toute espèce de communication entre eux.

Jamais l'on n'a pu constater un cas de rage chez ces terribles animaux.

Personnes mortes de la rage dans les hôpitaux de Paris de 1865 à 1872.

MOIS.	1865	1866	1867	1868	1869	1870	1871	1872	TOTAUX.
Janvier	1	—	2	—	—	—	1	—	4
Février	1	—	1	—	—	—	—	—	2
Mars	—	—	1	—	—	—	—	—	1
Avril	—	1	—	—	1	—	3	—	5
Mai	—	—	1	2	1	—	1	—	5
Juin	—	1	—	1	3	1	2	—	8
Juillet	—	—	1	3	1	—	1	—	6
Août	1	—	—	2	3	—	1	—	7
Septembre	1	1	1	—	2	—	1	—	6
Octobre	—	2	—	—	2	—	1	—	5
Novembre	—	2	—	1	2	—	3	—	8
Décembre	—	1	1	3	1	2	—	—	8
	—	—	—	—	—	—	—	12	12
	4	8	8	12	16	3	14	12	77

TROISIÈME PARTIE

CHAPITRE PREMIER

INTRODUCTION A L'HYGIÈNE DE LA RAGE

Les causes générales de la propagation de la rage ont été déduites de faits qui me paraissent si bien établis, que je ne vois pas que, dans les études à venir, il soit possible d'en ébranler les bases.

Il y aura des répétitions, de tout temps on observera que les climats tempérés, que certaines époques plus tôt que d'autres sont plus favorables au développement du virus rabique. Mais, peu de découvertes importantes restent à faire sur cet ordre d'idées.

On ne contestera jamais qu'à Paris la propagation de la rage à l'homme procède de l'extérieur à l'intérieur ; c'est-à-dire que sur 10 personnes inoculées 9 (1) le sont à l'intérieur des maisons par des chiens qui ont été contracter généralement au dehors cette redoutable maladie. L'inoculation de la rage à l'homme pendant qu'il circule dans les rues est l'exception.

C'est tout le contraire de ce qui se passe pour les chiens.

(1) Vernois.

Bien qu'un petit nombre de chiens enragés, comme je l'ai prouvé, s'introduisent dans les cours, les écuries (1), les escaliers, les maisons, et y propagent le germe fatal ; bien que la plupart des chiens enragés, comme je le remarque également, reviennent au logis sous l'impulsion de leur maladie et y apportent parfois la rage, il n'en reste pas moins indéniable que, de chien à chien, le grand théâtre de propagation de la rage est la rue. Et, ainsi que le prouve ma carte de la Rage à Paris, d'une rue infestée ce mal se propage rapidement aux rues aboutissantes. Un chien est-il enragé, cherchez le logis de son maître, et vous le verrez entouré d'une série de cas de rage.

Le chien suit pas à pas les mouvements de la vie des hommes. Il suit son maître au dehors comme il se plaît à côté de lui dans l'intérieur du logis. La paix publique retire de la circulation un grand nombre d'animaux qui, mis en liberté, lorsque la guerre ravage nos contrées, propagent alors le virus rabique dans une mesure effrayante, comme je l'ai prouvé pour la guerre de 1870-71. Il ne faut pas attribuer, comme l'ont fait certaines personnes, la multiplication des cas de rage à la mauvaise nourriture que l'on donnait aux chiens. J'ai nourri un grand nombre de ces animaux avec du son seulement.... et en très-faible dose, et, je le répète, si Diogène n'a pu trouver un homme, je suis encore à la recherche d'un cas de rage spontanée.

La guerre est finie, la paix est revenue cicatriser nos plaies, en 1873 les cas de rage ont diminué dans une proportion très-appréciable. J'espère que l'application de la mesure que je propose viendra achever cette amélioration.

(1) Il arrive fréquemment que des chevaux mordus par des chiens enragés, dans l'intérieur des maisons, contractent la rage.

Il résulte des considérations précédentes que la séquestration, loin d'être un des éléments de propagation de la rage, comme le soutient M. Leblanc, agit, au contraire, dans le sens opposé, et que plus elle sera généralisée, moins il y aura de cas de rage.

La statistique signale le progrès constant de la rage canine, comme conséquence de l'augmentation du nombre des chiens, et elle montre la fréquence plus grande des cas de rage sur l'homme.

Le moyen de conjurer le péril qui menace notre espèce, d'après l'opinion de M. Bouley, qui l'indiquait de nouveau à l'Académie, au mois de décembre 1873, est de faire connaître au public le *début initial de la rage*. Au commencement de ce traité j'ai apprécié cette méthode qui a été préconisée pour la première fois en 1860 par M. Sanson. Le savant Académicien lui a donné une importance tout à fait en désaccord avec les résultats qu'elle a donnés.

En effet, depuis que M. Bouley est venu exposer cette opinion à l'Académie, a-t-on constaté la moindre diminution dans les cas de rage ? Nous venons de voir que non-seulement la rage est devenue plus fréquente sur le chien, mais encore sur l'homme. Cette méthode est donc au moins insuffisante.

Si l'on reste dans l'observation pure et simple des phénomènes, on conçoit que la connaissance des signes qui marquent le début initial de la rage, si elle était entrée dans la cervelle des propriétaires, puisse rendre quelques services. Mais intituler cette connaissance *Le meilleur préservatif*, quand on connaît l'indifférence du public pour s'enquérir des choses de la médecine, la difficulté que les gens experts ont eux-mêmes de bien connaître ce début initial, c'est beaucoup trop lui accorder, et la preuve en est que cette méthode n'a pas arrêté l'augmentation des cas de rage.

De deux choses l'une, ou il faut accepter le fléau de la rage et le laisser se développer, ou il faut proposer pour le combattre des moyens plus efficaces que ceux que l'on propose chaque jour.

Il y a des vétérinaires qui ne craignent pas de proposer l'augmentation de l'impôt sur les chiens comme une excellente mesure.

Assurément, cette assertion a une certaine valeur. Mais j'avoue que je verrais avec peine l'autorité prendre ce parti. Le chien est nécessaire au malheureux ; celui qui ne trouve que déboires dans la vie s'attache facilement à tout ce qui témoigne un peu d'affection. En imposant fortement les chiens, c'est le pauvre qu'on frappe et non le riche ; pour le malheureux, lui retirer son chien, c'est lui ôter une partie de sa famille.

D'autres réformateurs demandent un impôt plus fort sur les chiens, plus faible sur les chiennes. Les chiens sont la cause du mal, disent-ils, ils ne peuvent satisfaire leurs désirs génésiques ; en augmentant le nombre des chiennes, ce qui serait la conséquence de cet impôt, on aurait moins de chiens enragés. Les conclusions du traité de MM. Bachelet et Frossard tendent à demander l'émasculation.

Mais où ont-ils vu que la chienne était exempte de désirs génésiques ? Non, certes. Mais, comme je l'ai dit plus haut, les désirs génésiques violents, satisfaits ou non, peuvent hâter l'évolution du virus rabique, ces mêmes désirs sont même souvent la conséquence de l'état rabique, ils ne sont que l'effet. Ces auteurs les ont pris pour une

cause. Tous ceux qui proposent ces théories n'en ont
nullement fait l'application. Il faudrait qu'ils aient fait
quelques expériences ; ils auraient vu si leurs opinions
étaient fondées.

En 1845 l'autorité, en prescrivant la muselière, était
sur la voie. On interposait entre la dent du chien et les
animaux qu'il rencontrait un corps réellement isolant ;
on suppléait ainsi au manque de surveillance des maîtres
sur leurs chiens qui n'étaient plus dès lors un danger pour
la société.

La muselière, pour être efficace, enlevait tout agrément
au chien, et était une contrainte désagréable imposée à cet
excellent animal. Ses inconvénients l'ont fait tomber en
désuétude.

CHAPITRE II

HYGIÈNE DE LA RAGE

Considérations générales.

Après avoir analysé les travaux de Renault et de MM. Rey, Lafosse et Hertwig, M. Reynal, directeur de l'École vétérinaire d'Alfort, dit dans son *Traité de la police sanitaire*, page 879 : « Dans les conditions ordinaires, plus « des deux tiers des sujets, parmi les animaux domesti- « ques, échappent à l'inoculation probable ; et, dans les « conditions expérimentales, où l'inoculation est certaine, « encore un tiers au moins de ces sujets restent indem- « nes. » Il conclut avec la justesse de déduction qui caractérise son savant ouvrage : « La rage ne peut donc « pas être mise au rang des maladies dont la transmission « soit des plus faciles. »

Cette opinion, du reste, se trouve corroborée par plusieurs observations.

Ainsi, M. Tardieu signale une moyenne annuelle de 2 cas de rage, 35 p. 100 dans le département de la Seine, de 1853 à 1858.

Hunter dit que, sur 100 morsures faites à l'homme par des chiens enragés, 5 seulement peuvent prendre.

Bien que ces données aient augmenté, comme on le

voit par le tableau ci-dessous, par suite de l'augmentation toujours croissante des chiens enragés, mes observations personnelles me permettent de dire qu'il y a, en faveur de notre espèce, encore bien près de 95 chances sur 100 de non-inoculation. Sur les animaux on n'en compte que 66 p. 100.

Si ces chiffres étaient plus généralement connus, ils diminueraient sensiblement les frayeurs bien naturelles que la rage inspire aux personnes mordues.

En effet, dans l'exercice quotidien de mon art, il m'est arrivé bien souvent de relever le moral de sujets fortement troublés, et de les délivrer, en leur exposant ces faits, de ces poignantes angoisses que des morsures suspectes leur faisaient éprouver.

Par le même moyen, j'ai pu consoler des familles attristées par la perspective des dangers auxquels elles croyaient un de leurs membres exposé.

Il me reste maintenant à analyser les moyens d'hygiène proposés par divers auteurs pour arrêter le développement du virus rabique ou neutraliser son effet, tels que : la cautérisation, l'abatage des chiens, la muselière, etc. Je ne parlerai pas de la responsabilité des maîtres des chiens, qui étant du domaine du droit commun se trouve dans les Codes. Je terminerai cette partie en faisant l'exposé de la méthode de la resection et des critiques qu'elle a soulevées.

CHAPITRE III

DE LA CAUTÉRISATION

On ne saurait trop recommander de pratiquer à temps la cautérisation.

On n'a presque jamais sous la main un fer chaud ; il faut du temps pour le préparer : pendant qu'on l'apprête, il importe de toucher les plaies avec le premier agent chimique de nature caustique que l'on a à sa disposition (acide sulfurique, acide nitrique ou eau forte, acide chlorhydrique, beurre d'antimoine, pierre infernale, ammoniaque, etc., etc.), on peut également faire brûler de la poudre de chasse sur la blessure, afin de détruire au plus vite le germe infectant et d'empêcher son introduction dans le sang.

Combien de fois, hélas ! n'ai-je pas constaté la négligence que les personnes mordues apportent à se faire cautériser : combien de temps perdu avant qu'on se préoccupe de trouver un agent caustique ; combien souvent ai-je trouvé une insouciance déplorable chez des individus menacés d'un danger imminent !

Les personnes mordues par des chiens laissent passer presque toujours un quart d'heure, que dis-je, deux jours et plus avant de se préoccuper de la morsure que leur a faite un chien enragé.

Combien de fois n'ai-je pas vu des gens qui, redoutant la cautérisation, ne voulaient rien faire. D'autres, plus pressés, parce qu'ils sont plus effrayés, perdent la tête, et oublient de faire des succions (1) ou des ligatures au-dessus de la partie blessée pour empêcher l'absorption du virus rabique, ou de pratiquer des lavages de la plaie pendant que l'on cherche des matières cautérisantes.

Et, pourtant, l'inoculation s'opère avec une rapidité effrayante : ainsi, M. Brillant, demeurant à Paris, rue de Belleville, 36, avait un chien qui fut mordu à l'oreille le 18 octobre 1867 par un chien enragé ; je le cautérisai au fer rouge, une demi-heure après l'accident, et, dans une période de deux mois, cet animal devint enragé. L'opération avait eu lieu trop tard et, par suite, était restée sans effet.

Les expériences les plus sérieuses faites par le savant Renault nous apprennent que l'absorption du virus rabique peut avoir lieu en 5 ou 10 minutes.

Aussi, je ne saurais trop engager à agir aussi diligemment et aussi énergiquement que posible, lorsqu'on a été mordu par un chien.

Règle générale : il faut pratiquer instantanément la cautérisation pour empêcher l'inoculation du virus rabique, quelque héroïque que soit ce procédé : car son application tardive, dans l'immense majorité des cas, laisse l'homme de l'art désarmé en présence de redoutables éventualités.

---

(1) Il va sans dire que les personnes qui auraient les lèvres gercées ou la muqueuse buccale entamée doivent s'en abstenir.

CHAPITRE IV

DE L'ABATAGE DES CHIENS MORDUS
OU SUSPECTS

La mort recommandée comme moyen préservatif de la rage, quoique nécessaire, n'en accuse pas moins une époque barbare et la faiblesse de nos moyens.

Tuer pour conserver est une chose qui blesse l'esprit ; c'est un contre-sens. Cette mesure est vexatoire, et bien des gens lui préfèrent une longue séquestration de leur chien. Et, pourtant, il faut donner le conseil du sacrifice. On peut prononcer, à regret, la peine de mort, c'est le parti le plus sage. L'humanité n'a-t-elle pas des droits supérieurs à ceux des animaux? Certainement, il faut être doux envers les animaux, mais, entre eux et l'homme, il n'y a pas à hésiter ; et, du moment que l'animal constitue pour celui-ci un danger réel, il doit être sacrifié.

Voilà ce que disent aujourd'hui, et avec raison, les vétérinaires : mais, et c'est là un de ses grands avantages, ma méthode supprime totalement cette obligation qui, pour être nécessaire, n'en est pas moins cruelle.

Et d'ailleurs, est-ce que cette pratique retire de la circulation tous les chiens dangereux ? Non, certes, malheureusement, et la preuve en est que la rage continue à se perpétuer ; ce n'est donc là qu'une demi-mesure susceptible, tout au plus, de donner des demi-résultats.

CHAPITRE V

MOYENS PRÉSERVATIFS

M. Sanson, dans son *Traité de la rage*, publié en
1860, écrit ceci : « Le meilleur préservatif de la rage
« réside dans la notion des symptômes qui font connaître,
« dès son début, cette funeste maladie. » Ce principe a
été admis dans les conférences fort applaudies que M. Bouley a faites à l'amphithéâtre de la Sorbonne. Youatt et ces
savants ont établi avec le talent et la clarté qui les distin-
guent les caractères de la rage. Les conseils donnés par
ces hommes éminents eussent porté leurs fruits, si cette
indifférence inhérente à notre nature pour les précautions
les plus élémentaires ne leur eût fait obstacle.

Désigner un mal, en indiquant ses signes prémonitoires, est, assurément, le meilleur moyen de préserver
la société de ses ravages. Partisan de ce système préventif,
si profitable, s'il était suivi, j'écrivais en 1867, après un
exposé succinct des symptômes de la rage : « Si vous re-
« marquez un changement dans les habitudes de votre
« chien, isolez-le, et ne lui laissez aucune communication
« avec les personnes ou les animaux. Donnez-lui des ali-
« ments, en *ayant soin* de vous *tenir à distance* de lui.
« Observez-le quelque temps, quinze jours environ, et
« vous éviterez bien des malheurs. »

Mais, donner un bon conseil au public, c'est presque
toujours prêcher dans le désert.

Le chien d'un de mes clients est-il malade? il le prend dans ses bras pour me l'apporter; ou, s'il peut marcher, il conduit sans muselière, sans précaution aucune, un animal toujours suspect, bien souvent enragé qui, dans le parcours du logis à la maison de consultation, mord bêtes et gens. Je ne parle pas du danger imminent que cette négligence fait courir à mon personnel et à moi-même.

J'ai la preuve d'inoculations résultant de ce laisser-aller des plus imprudents. Notons, en passant, une autre conséquence désastreuse de l'incurie du public en cette matière : les chiens malades reçoivent, ordinairement, les premiers soins à domicile, et la plupart de leurs propriétaires, avant de les conduire au vétérinaire, leur font avaler de force des vomitifs, des purgatifs, etc., ou leur ouvrent la gueule pour voir s'il ne s'y trouve pas d'os, ou leur passent le poireau historique dans les premières voies digestives pour le faire descendre, s'exposant ainsi à recevoir et recevant parfois des blessures mortelles.

On devrait considérer tout chien malade comme suspect, et, s'il répugne d'appeler le vétérinaire, qu'on attache et qu'on surveille son chien, suivant les principes exposés plus haut.

Mais non, on affectionne son chien d'une façon qui dépasse les bornes de la raison. « Il n'est pas possible que « ce pauvre Black soit enragé, » dit-on ; et l'on dort sur ses deux oreilles, pendant que l'on a, nouvelle épée de Damoclès, un danger imminent suspendu au-dessus de sa tête.

Pendant ce temps, le germe du mal se développe chez le chien qui, dans un accès de frénésie, se jette sur son maître et le mord. Quelque temps après, une famille éplorée conduit à sa dernière demeure un mari, un père à qui sa négligence a ouvert les portes du tombeau.

CHAPITRE VI

DE LA MUSELIÈRE

L'abatage des chiens mordus ou suspects, et la cautérisation des individus contaminés de notre espèce n'ayant pas opposé une barrière suffisante à la propagation du virus rabique, on imagina alors de rendre la muselière obligatoire pour tous les chiens. Elle était en usage de temps immémorial pour d'autres animaux susceptibles de mordre, et une ordonnance du Préfet de Police de Paris l'imposa à tous les chiens le 25 mai 1845. Par cette mesure on croyait empêcher les chiens de mordre et calmer toute inquiétude à venir.

Voyons un peu quelles sont les opinions en faveur de ce système et celles qui lui sont opposées, et établissons sa valeur pratique.

Dès le principe, la muselière était de forme dite à panier, solidement fabriquée et réellement isolante, en un mot, elle était sérieuse. Je ne doute pas que, par un usage rigoureux et constant, elle n'eût rendu de grands services. Je suis d'autant plus certain de la justesse de ce raisonnement, qu'on a constaté une augmentation des cas de rage depuis que l'on s'est relâché à son endroit en tolérant la simple lanière de cuir, le ruban de soie ou de fil sur le nez (voir les tableaux statistiques).

Il eût fallu aussi compléter la mesure du port de la muselière en invitant les propriétaires de chiens à laisser ces animaux muselés à l'intérieur du logis, hors le temps

des repas. Car, on peut remarquer, d'après les observations du docteur Vernois, qu'en moyenne, sur les cas de
rage qu'il signale, les neuf dixièmes proviennent de morsures faites aux personnes et aux animaux qui habitent ou
fréquentent la même maison que le chien.

Il faudrait, pour que le musellement fût réellement pro-
pice, inviter les maîtres des chiens à les conduire en laisse
dans la rue, parce que, ainsi que l'a observé Prangé, le
chien enragé peut se débarrasser de sa muselière et rendre
ainsi illusoire la précaution que l'on prend de le museler :
beaucoup d'autres vétérinaires ont fait cette remarque, et
moi-même j'ai souvent été à même de constater le fait.

Aussi, l'usage de la muselière ne fit-il pas disparaître
la rage, comme on l'avait espéré d'abord. Alors, il se
trouva des gens qui prétendirent que l'emploi de cet appareil pouvait provoquer la rage, et le docteur Vernois écrit :
« La muselière prédispose, par l'état nerveux dans lequel
« se trouvent les animaux, à la production de la rage. »

La Société protectrice des animaux, dont le zèle ne
connaît pas de bornes lorsqu'il s'agit des intérêts de ses
protégés, se laissant entraîner peut-être un peu par
un bon sentiment à l'égard d'un animal aussi intéressant
que le chien, trouva cruel l'emploi de l'ancienne muselière à panier, dont l'application, en empêchant l'écar-
tement des mâchoires, rend difficile l'acte si nécessaire
de la respiration. Cet inconvénient n'est pas sans importance, et sa gravité est considérable pendant la période des grandes chaleurs, époque où la transpiration
des bronches est très-active chez ce quadrupède (1).

Afin de remédier à cet état de choses, la Société mit au
concours, en 1870, une muselière perfectionnée, tant au

____

(1) Le chien transpire peu par la peau.

point de vue de la sécurité de l'homme qu'à celui de la commodité du chien.

Plus de quarante concurrents industriels ou particuliers répondirent à cet appel, et je ne doute pas qu'elle eût mené à bien cet acte protecteur si, à ce moment, la muselière ne fût tombée en désuétude.

Je suis persuadé que les vices inhérents au musellement, que je traite longuement à cause du caractère officiel dont il a été revêtu, ne vont pas jusqu'à produire la rage, quoique des esprits sérieux l'aient cru.

En effet, les cas de rage sont beaucoup plus nombreux depuis que l'on ne muselle plus, puisqu'ils ont doublé pendant la dernière période de six ans (voir les tableaux statistiques).

De plus, j'ai vu des chiens se débattre, comme des fous, pour éloigner cette contrainte; ils fussent plutôt morts que de s'y soumettre. Low, de M. de Guetz, de Passy, Frisette, de madame Lacroix, de Paris, et beaucoup d'autres dont je n'ai pas les noms présents à la mémoire, ont présenté une répugnance invincible pour la muselière; sur tous ces sujets, j'ai été à même d'observer leur embarras, leur égarement, leur fureur même, sans que cette cause de torture morale ait engendré la rage spontanée; du moins, pendant la période du musellement, je n'ai jamais eu occasion de constater son apparition.

J'ajouterai encore que pour moi il n'appartient pas à l'homme par des vivisections ou par toutes les tortures imaginables de faire naître la rage. Cette maladie, comme les autres, a ses lois d'origine et d'évolution, lois impénétrables pour la science jusqu'à ce jour. Seuls, ses funestes effets sont connus de nous, et, comme nous ne pouvons les supprimer puisque nous n'en connaissons pas les causes, c'est à nous d'en arrêter le développement.

En résumé, la muselière sera efficace toutes les fois qu'elle empêchera de mordre et qu'elle sera portée constamment. Il faut y habituer les chiens dès leur plus jeune âge, et très-peu se montreront alors opposés à son application.

J'ai fait observer plus haut que les chiens enragés se débarrassent quelquefois de leur muselière; par conséquent, je le répète, ces animaux ne devraient jamais sortir que tenus en laisse; mais cette mesure aurait un double inconvénient : d'abord, elle empêcherait le chien de prendre un exercice salutaire à sa santé, et, ensuite, dans les rues fréquentées, elle entraverait la circulation des passants.

Enfin, le musellement à l'intérieur des habitations serait le complément de cette mesure, si on l'appliquait sérieusement; mais, dans la pratique, on voit tout le contraire, et les propriétaires de chiens ont hâte de rentrer chez eux, lorsque ceux-ci les accompagnent, pour les débarrasser de ce masque gênant.

En outre, les chiens malades, qui, par cela même, sont suspects et devraient être muselés, ne le sont jamais.

L'application de la muselière ne préserve donc pas suffisamment l'homme contre le danger dont le menace le chien, et son emploi soumet cet animal à tant de contrainte qu'il répugne à notre civilisation éclairée d'en ordonner rigoureusement l'application.

Quoi qu'on fasse pour adoucir les inconvénients de cette espèce de cage où l'on enferme la tête du chien, elle constituera toujours pour celui-ci une souffrance réelle, tout en le défigurant. Quelle expression possède, je vous le demande, la tête d'un chien muselé?

Hâtons-nous donc de lui ôter cette vilaine machine qui ne nous préserve qu'à moitié des atteintes de la rage. Il existe un moyen bien plus simple de nous défendre des morsures du chien, tout en laissant liberté pleine et entière à cet intelligent animal.

CHAPITRE VII

INTRODUCTION A LA MÉTHODE DE L'ÉMOUSSEMENT DES DENTS

Origine de ma méthode.

De tous les moyens que je viens d'exposer, qui ont été employés pour se préserver de la rage, un seul, le musellement des chiens, contient des avantages positifs, pourvu qu'il soit rigoureusement appliqué.

Mais ce procédé a le tort à mes yeux d'ôter au chien sa liberté, il lui enlève toute grâce, toute beauté, lui cause une souffrance et est, par suite, antipathique avec tout sentiment de bienveillance pour ces animaux.

Aussi, la plupart des propriétaires de chiens ne veulent-ils pas les museler, et les cas de rage deviennent de jour en jour plus nombreux (voir les tableaux statistiques); sa non-application annule les résultats efficaces que pourrait produire la muselière.

Un jour, profondément attristé par le spectacle d'une famille désolée dont un des membres avait été mordu par un chien enragé, je me disais que l'humanité ne saurait être ainsi désarmée et qu'*en attendant qu'on découvrît l'antidote du virus rabique*, il devait exister un moyen plus efficace que ceux déjà employés pour combattre l'extension de ce mal affreux. .

Je me rappelai alors avoir quelquefois manqué des saignées sur des animaux, parce que la pointe de la lancette dont je me servais s'était émoussée ; en outre, réfléchissant à ce fait connu de tout le monde qu'une épingle ou une aiguille épointée, un fleuret moucheté, sont incapables de pénétrer un tissu quelconque, j'acquis ainsi la conviction que, si l'on parvenait à émousser la pointe des dents du chien, on arriverait inévitablement à empêcher l'inoculation du virus rabique, puisque la dent épointée n'entamerait que très-difficilement l'épiderme.

Cette théorie se trouvait justifiée par un mémoire lu à l'Institut et dans lequel il est dit que : « les quadru-« pèdes herbivores atteints de rage ne peuvent la trans-« mettre à cause de leurs dents en couronnes. » On y cite un cheval du régiment des guides qui, en 1862, devint enragé et mordit impunément la main de son cavalier.

Moi-même je fus appelé, en 1863, chez M. Gaitz, entrepreneur d'asphalte, pour visiter un cheval malade. L'expression de la physionomie de cet animal m'étonna ; je le fis sortir de l'écurie, et, après examen, je fus convaincu qu'il était enragé. En effet, un terrier qui s'était réfugié dans la cour de ce propriétaire lui avait inoculé le virus rabique. Ce cheval avait mordu un homme à la main. Il n'y avait pas eu piqûre, l'homme fut indemne.

Dupuy cite des moutons enragés mordant leurs voisins sans leur inoculer la rage.

Or, il est prouvé que les herbivores enragés ont la salive virulente. En 1845, j'inoculai la salive d'un taureau enragé à une brebis. Vingt-trois jours après elle était enragée.

J'étais donc amené à conclure que, si les herbivores

n'inoculent pas la rage, la raison s'en trouve tout naturellement dans le fait que le chien, étant carnivore, est armé de canines et d'incisives aiguës avec lesquelles il déchire les chairs, tandis que les herbivores, dont les dents sont destinées à broyer les plantes qui forment la base de leur nourriture, les ont toutes à surface plate et pressent généralement, lorsqu'ils mordent, l'épiderme sans l'entamer (1).

Donnez aux dents du chien, en les émoussant, la forme de celles des herbivores, et vous pourrez retourner la proposition. Pas plus que celle des herbivores, la rage du chien ne constituera pour l'homme un danger véritable.

(1) La dent des herbivores enragés dilacère parfois les tissus en les broyant et pourtant on ne dit pas, on ne signale pas des faits d'inoculation qui lui soient imputables. Dans ces cas la matière virulente qu'elle peut porter s'éparpille par la pression au delà du point lésé, et l'attrition des tissus contribue à rendre nulle l'absorption.

CHAPITRE VIII

DE LA RESECTION

Le meilleur préservatif de la rage ne serait-il pas celui qui, sans contrainte aucune, mettrait le chien dans l'impossibilité de faire à l'homme ou aux animaux des morsures susceptibles d'inoculer le virus rabique. Ce but est parfaitement atteint par l'émoussement de seize dents (12 incisives, 4 canines) (1).

Dès que les dents de remplacement sont bien sorties, quelqu'âge qu'ait le chien, on peut le désarmer.

Cette opération dure en moyenne de *trois* à *cinq* minutes. Elle ne donne lieu à aucune irritation fébrile; l'opéré mange et boit comme auparavant.

Les dents limées ne sont pas plus exposées à la carie que les dents intactes; les lèvres les cachent constamment, excepté dans le cas d'agression ou de légitime défense. La beauté du chien n'en est pas altérée.

En général, c'est un pincement brusque produit par les dents antérieures qui inocule la rage, en déchirant l'épiderme.

Par l'émoussement ou resection, on établit seize couronnes, aux lieu et place de seize pointes.

(1) Daubenton, dans ses instructions aux bergers, leur conseille de raccourcir les crochets ou canines des chiens pour éviter que ces animaux en rassemblant les troupeaux n'enlèvent des lambeaux de chair des jambes des bestiaux confiés à leur garde. Quelques auteurs ont voulu assimiler cette méthode à la mienne, mais on ne peut établir de rapport entre elles puisqu'il faut désarmer 16 dents pour se préserver de la rage. Daubenton n'avait nullement en vue la rage lorsqu'il proposait son système.

Effets de la resection sur le caractère du chien. — Des chiens de chasse qui mordaient et déchiraient le gibier ont perdu cette ennuyeuse habitude à la suite de l'émoussement des dents.

Le caractère de quelques chiens de garde très-méchants et par cela même dangereux s'est adouci, et l'on a pu ainsi conserver des animaux qu'il aurait fallu abattre.

Des terriers n'ont pas cessé de tuer les rats après l'émoussement comme ils le faisaient avant cette opération : il leur a été seulement moins aisé d'étrangler les chats ; de méchants esprits seuls peuvent trouver ce fait regrettable.

A ce sujet, j'ajouterai que le désarmement des bouledogues serait doublement utile en ce qu'il contrarierait cette sauvage passion que quelques individus ont d'exciter ces pauvres bêtes à s'entre-déchirer.

Des chiens de salon ont été désarmés sans que ce fait ait donné lieu à aucun inconvénient.

Cas où il faut s'abstenir de pratiquer la resection. — Ces cas, assez peu nombreux du reste, sont indiqués par la nature des services que rend le chien. Il est évident, par exemple, que les chiens qui chassent la bête fauve n'ont pas trop de tous leurs moyens pour se défendre de ses attaques. On pourrait aussi excepter les chiens de garde, bien que leur mission ne soit pas autant d'arrêter les malfaiteurs que de signaler leur présence par des aboiements réitérés.

Inconvénients de l'émoussement. — Il altère les signes qui font connaître l'âge du chien ; cependant il est toujours facile, par l'inspection extérieure, la fraîcheur, la couleur des dents, de classer ces animaux en jeunes, adultes ou vieux ; d'ailleurs cette objection est de peu de valeur, puisque, à l'état naturel, l'usure des dents du chien n'a presque jamais lieu d'une façon régulière.

Avantages de l'émoussement. — Le plus grand acte de protection que l'on puisse exercer en faveur de l'espèce canine est de la soustraire, sans application de moyens rigoureux, aux cas de rage qui, chez elle, sont si fréquents. En supprimant un danger qui éloigne cet animal si fidèle à l'homme de l'intimité de la famille, on prévient, on annule l'arrêt de mort qui frappe un grand nombre de sujets mordus ou simplement roulés par un chien enragé errant, mesure violente autant que barbare, mais excusée par le motif qui la suggère et qui est le premier de tous les intérêts : la sécurité publique.

La resection entraîne avec elle la suppression de la fourrière. N'est-ce pas là un avantage suffisant pour la faire admettre ?

Toutes les observations qui précèdent sont l'exposé succinct des résultats que m'ont donnés des expériences commencées en 1862, et qui portent sur deux cents chiens.

Expériences. — Après avoir limé les dents de trois chiens enragés, je les ai mis en contact avec six de ces animaux sains. Immédiatement les chiens enragés se jettent sur eux, les mordent avec frénésie, pas un n'a la peau entamée. Ces six chiens d'expérience furent surveillés six mois, et il ne survint aucun cas de rage sur eux. Un de ces chiens enragés saisit entre ses dents ma main gantée ; lorsqu'il se décide à la lâcher, le gant est intact, la morsure n'a produit qu'une forte pression.

Cette expérience répétée sur des chiens non enragés à qui j'ai donné à mordre ma main nue, m'a prouvé que la dent émoussée ne peut, quelque grande que soit la contraction des muscles de la mâchoire, que rarement entamer l'épiderme des animaux dont le poil amortit forcément la pression reçue et seulement très-exceptionnellement celui de l'homme.

OPÉRATIONS DE L'ÉMOUSSEMENT.

Deux aides doivent seconder l'opérateur lorsque les chiens sont de forte taille, lorsqu'ils sont petits un seul suffit.

L'animal est assis sur une table, un bâillon, s'appuyant entre les dents molaires et sur les commissures des lèvres, est fixé par un ruban derrière la nuque ; un autre ruban roulé autour du museau, en arrière du bâillon, serre les mâchoires et les immobilise.

Les instruments nécessaires, fort peu compliqués, consistent en une lime ordinaire, et, si l'on veut abréger la durée de l'opération, en une pince à resection pour raccourcir les canines.

Comme on le voit, cette méthode est fort simple et peut aisément être généralisée, sans difficultés d'exécution, dans les villes, les villages, les hameaux ; tout homme habitué à se servir d'une lime, tel que maréchal, forgeron, armurier, taillandier, etc., etc., peut l'appliquer.

Le seul point embarrassant est le moyen de contenir le chien ; une planche que l'on trouve à la fin de cet ouvrage explique très-clairement comment on l'obtient.

CHAPITRE IX

MESURES SPÉCIALES OU ADMINISTRATIVES CONCERNANT LA RESECTION

La rage s'inoculant principalement au logis (Vernois), les particuliers qui désarment leurs chiens s'assurent contre cette redoutable éventualité.

Je n'aime pas à voir l'autorité s'immiscer dans les affaires qui concernent directement chaque citoyen; cependant, je reconnais que, lorsque l'incurie des particuliers expose la sécurité publique, c'est son devoir d'agir énergiquement.

Si donc l'intérêt général le demandait, on pourrait rendre l'arrêté suivant :

« ART. Ier. — Tout propriétaire d'un animal de l'espèce « canine qui lui fera émousser les dents ne sera plus « astreint sur la voie publique à le museler. »

« ART. II. — Le chien portera sur son collier l'estam- « pille de l'Administration (1) indiquant que l'opération « aura été pratiquée. »

Comme il peut arriver que, par suite d'un choc ou d'usure irrégulière, il survienne des aspérités sur les dents émoussées, on pourrait compléter cette ordonnance et la rendre tout à fait efficace en ordonnant une visite annuelle des mâchoires émoussées. Un point à la suite de l'estampille indiquerait qu'elle aurait eu lieu.

A Paris, la dépense nécessitée pour entretenir régu-

(1) Cette estampille pourrait être un L.

gulièrement émoussées, *pendant sa vie*, les dents du chien, pourrait s'élever pour chaque animal à 5 francs par abonnement, y compris la première opération. Si j'indique ce chiffre c'est pour montrer que l'opération est à la portée de toutes les bourses. En proposant cette mesure je n'ai aucun but spéculatif, autrement je n'indiquerais pas à chacun la manière de la pratiquer. Non, je n'ai en vue que l'intérêt général.

Certes, au point de vue économique le musellement des chiens serait plus coûteux, s'il était rigoureusement exigé.

Tous les observateurs, et, comme nous l'avons vu plus haut, avec eux le savant M. Reynal, constatent qu'un tiers seulement des chiens mordus contracte la rage.

Après les expériences que j'ai faites, je ne crains pas de dire que par la resection on réduira à l'unité cette proportion.

Sur *cent* morsures que reçoit l'homme dans l'état actuel des dangers que lui fait courir la rage, *quatre-vingt-quinze* suivant Hunter sont sans effet.

D'après ces données, je le demande, est-ce se bercer d'une folle illusion, est-ce un vain rêve que d'entrevoir la possibilité de la *disparition complète des cas de rage sur notre espèce*, quand le chien aura les dents émoussées et qu'il se trouvera dans la même situation que les animaux herbivores.

CHAPITRE X

LA MÉTHODE DE LA RESECTION EN PRÉSENCE DE LA CRITIQUE

Dès la conception de mon système, j'amenai chez le docteur Blatin, rue Bonaparte, 30, deux chiens auxquels j'avais préalablement limé les dents. Là je trouvai aussi MM. le docteur Baron Larrey, U. Leblanc, médecin vétérinaire, et Decroix vétérinaire en chef de la garde municipale.

Ils examinèrent les mâchoires de ces chiens et, frappés des avantages qui pourraient résulter de l'application de ma méthode, ils encouragèrent mes essais.

En 1862, j'adressai à l'Académie de Médecine un mémoire sur la resection.

En 1867, je remis à M. Bouley une brochure que je venais de publier sur le même sujet.

Ma méthode que j'y exposais succinctement fut appréciée de diverses façons par les personnes qui en prirent connaissance. — Les unes l'accueillirent de la façon la plus flatteuse pour moi, d'autres avec ironie.

Il est des gens, d'excellentes gens, mais qui ont le tort de se croire aptes à résoudre toute espèce de questions, sans les avoir jamais étudiées. C'est ainsi que j'ai vu M. Meunier publier en 1863 un ouvrage intitulé : *La liberté du chien*, dans lequel il me fait gratuitement arracher les dents à cette pauvre bête et finalement m'accuse de cruauté envers les animaux.

Le 18 janvier 1869 étant malade, mon neveu fit à ma place à l'école d'Alfort des expériences sur mon système qui furent appréciées par M. Reynal directeur de cet établissement.

Il les a consignées dans son *Traité de Police sanitaire*, mais en y mettant cette restriction : « Toutefois « nous devons dire que des essais que nous avons faits à « Alfort, il ressort que les bouledogues produisent avec « les molaires des plaies contuses aptes à absorber le « principe virulent de la rage ».

Je conviens qu'il peut en être ainsi sur les chiens qui, comme ceux de cette race, montrent habituellement les dents molaires ; seulement, rien de plus facile que d'obvier à cet inconvénient en limant les dents molaires de ces animaux ; je l'ai fait souvent et sans aucun préjudice pour le chien. Il n'y a jamais danger à user et même à abuser de la lime, au contraire, il y a toujours danger à ne pas s'en servir.

J'ajouterai d'ailleurs qu'une dent molaire non limée ne peut que très-exceptionnellement inoculer la rage, et la preuve en est dans la façon dont se comporte le chien enragé. En effet, l'animal s'avance poussé par le mal, il s'arrête peu, détend ses mâchoires et attaque principalement à la tête les sujets de son espèce. Son action fiévreuse, délirante, met d'abord en jeu les dents incisives, puis les canines, les molaires, étant au dernier plan et, relativement fort distantes des incisives, n'ont qu'une action excessivement limitée pour l'inoculation. A moins, donc, que l'on éprouve le besoin de mieux se préserver, on peut généralement en négliger l'émoussement sans pour cela s'exposer à aucun danger.

Parmi les critiques que mes honorables confrères ont

faites de ma méthode, beaucoup sont loin d'être revêtues du caractère éclairé et compétent de celle que je viens de citer.

En voici une qui, à mon sens, ne laisse pas d'être un peu......, le lecteur trouvera le mot : « Si vous émoussez « les dents du chien, me disait ce *vétérinaire*, je souligne le « mot parce que l'on pourrait douter que ce soit un homme « de l'art qui parle, si vous émoussez les dents, l'inocula- « tion du virus rabique n'en sera que plus facile. » Et comme j'avouais ne pas comprendre cette observation, il poursuivit : « La raison en est bien simple, vous aplatis- « sez la dent ; par ce seul fait, vous en élargissez la surface, « et elle peut porter une plus grande quantité de virus « qu'une dent pointue. »

Comme la politesse exige que l'on réponde à toute personne qui s'adresse directement à vous, je dis à mon estimable confrère : « Vous prétendez, Monsieur, que, par l'application de mon système, l'inoculation du virus rabique se fera plus facilement, mais, qu'en savez-vous ? Où sont, s'il vous plaît, les *expériences* qui vous ont apporté la certitude de ce que vous avancez ? Croyez-vous, par hasard, que ce soit une théorie basée sur une chose aussi peu solide que le raisonnement d'un homme, que j'expose ici ? Non, Monsieur, bien au contraire, c'est le *résultat de faits* observés avec le plus grand soin. Et qu'importe, je vous le demande, la quantité de virus que peut porter une dent du moment que cette même dent ne peut plus l'inoculer ? »

M. U. Leblanc, membre de l'Académie de médecine, dont je vénère au moins autant que personne au monde le grand dévouement à la vétérinaire et aux idées protectrices des animaux, a donné lui aussi dans ce travers.

Par sa haute position justement méritée dans le monde

scientifique, il pouvait, s'il eût fait quelques expériences, donner à ma méthode un utile appui.

Au lieu de cela, se trouvant, en 1867, délégué au congrès international vétérinaire de Colmar, et interpellé par M. Kopp, vétérinaire à Strasbourg, sur les avantages de l'émoussement des dents du chien, il répondit : « J'ai « blâmé et je blâme encore cette opération inventée « et conseillée par M. Bourrel. Le chien opéré peut en- « core mordre, et communiquer le virus rabique. En « outre, cette opération a quelque chose de barbare. »

Certes, j'apprécie à sa juste valeur le grand caractère dont est revêtu tout académicien ; ce titre seul donne à tout individu qui le porte des droits à mon respect. Mais est-ce là une raison pour que, sans avoir le moins du monde étudié, approfondi une question, on réponde aux demandes que l'on vous adresse à son sujet par les paroles les plus vagues ?

« Le chien opéré peut encore communiquer la rage. » Si cette réponse avait été le résultat d'études sérieuses, M. Leblanc ne nous aurait-il pas dit au moins dans quelle proportion ?

On s'est trop longtemps contenté d'à peu près dans les questions scientifiques ; il est temps de faire justice de tout cela ; nous devons à la génération qui nous suivra autre chose que des idées en l'air, nous lui devons des opinions solidement établies sur des faits pratiques.

Mon très-honorable critique craignait que la pratique de l'émoussement des dents ne fît négliger les autres soins. Encore un jugement erroné ! Il est clair pour tout le monde que si l'on a quelque partie du corps mise à vif, par la dent d'un chien enragé, que cette dent soit émoussée ou non, on doit immédiatement se faire cautériser.

Je cherche à introduire dans nos mœurs l'habitude de désarmer le chien, et je démontre expérimentalement qu'elle est un progrès incontestable sur les agents hygiéniques actuellement en vigueur pour diminuer la propagation de la rage.

Que mes adversaires me démontrent, eux aussi, expérimentalement, que je me trompe, et je ne demande pas mieux que de me rallier à eux ; mais une théorie qui ne repose sur aucun fait et qui sort de la bouche d'un homme en qui tout le monde a la plus grande confiance, d'un homme dont la moindre parole fait autorité, est par cela même mauvaise, parce que tous ceux qui l'entendent émettre, persuadés que celui qui parle a étudié à fond la question sur laquelle on lui demande son avis, iront colporter partout des erreurs qui, pour être sorties de la bouche d'un savant, n'en sont pas moins purement et simplement des erreurs.

« L'opération a quelque chose de barbare », dit M. Leblanc. Je suis forcé de constater encore ici un manque absolu d'observation.

L'homme qui se lime une dent n'éprouve qu'un peu d'agacement, mais jamais une douleur réelle. Pourquoi l'effet ne serait-il pas le même sur le chien ? Si ce pauvre animal pouvait comprendre pourquoi on le bâillonne, comme l'exige l'opération de l'émoussement des dents, opération qui du reste est sans aucun danger pour lui comme pour l'opérateur !

Mais il ne comprend pas ; il y a donc pour lui de plus que pour l'homme une contrainte qui dure de 3 à 5 minutes.

Qu'est-ce que cela, si on considère le but atteint, et, si par ce moyen, le chien recouvre la liberté pour le reste de ses jours ?

Ah! si l'homme était, comme le chien, susceptible de communiquer la rage à ses semblables et qu'on lui dît : « Tu as des dents qui inoculent le virus rabique, il faut les limer pour assurer ta sécurité et celle de ta race, pour celle de tes frères inférieurs, » l'homme hésiterait-il un instant ?

Si le fidèle compagnon de l'homme, si le chien pouvait parler, croyez-vous qu'il se montrerait plus insouciant de son bien-être et de la sécurité d'autrui ?

Non, certes, et il vous dirait : « Ce qui est *barbare*, ce n'est pas l'action de la lime sur un corps insensible, l'extrémité supérieure des dents, ni la contrainte fort désagréable à laquelle nous soumet le bâillon pour un temps très-court ; non, ce qui est barbare, le voici :

« *Barbares* l'effroi et les angoisses morales que font éprouver à nos maîtres les morsures à sang faites par des chiens enragés, suspects ou même bien portants ! Craintes qui disparaîtront du moment que la dent émoussée ne produira plus qu'une contusion.

« *Barbare* cette coutume qui consiste à égorger, à assommer sur la voie publique des chiens qui subissent des attaques d'épilepsie, ou les convulsions du jeune âge ; ou bien ceux qui, ahuris, excités, exaltés par la poursuite d'ennemis, sont pris pour des chiens enragés, alors qu'ils sont tout simplement à la recherche de leur logis, de leur maître qu'ils ont perdu et qui périssent ainsi, victimes déplorables d'une méprise !

« *Barbare* la pendaison à la fourrière qui serait abolie si la race canine n'inspirait plus de craintes !

« *Barbare* le mal maudit qui, dans bien des cas, nous éloigne du foyer domestique !

« *Barbare* l'amputation des oreilles et de la queue pour satisfaire à des caprices de la mode !

« *Barbare* la mort que nous inoculons dans les veines de notre maître au moyen de ces dents pointues que l'on tient tant à nous conserver intactes! »

Chaque année, aux jours caniculaires, l'administration municipale cédant à une erreur généralement admise et dont nos statistiques démontrent le peu de fondement, l'administration municipale fait faire la chasse au chien avec un redoublement d'énergie : on voit ces animaux, ces fidèles compagnons du pauvre et du riche, se diriger par bandes compactes du côté de l'abattoir.

Pourquoi alors leur avoir permis de naître? La vie d'un animal est donc bien peu de chose pour certains hommes.

C'est afin de faire cesser cette habitude contraire à tous nos principes de civilisation que je propose la resection.

Le chien porte des dents incisives et des dents canines très-développées, parce qu'à l'état sauvage il était obligé de tuer les animaux dont il faisait sa nourriture. En domesticité, il reçoit ses aliments tout préparés, ces dents n'ont donc plus besoin d'être aussi développées que lorsqu'il lui fallait saigner sa victime. L'homme doit donc lui ôter des armes qui ne sauraient plus lui être d'aucune utilité.

Le meilleur préservatif de la rage, selon moi, étant trouvé, comme je le démontre au chapitre de la Resection des dents, il lui manquait pour sa vulgarisation d'avoir été apprécié par un jury compétent. En conséquence, dès l'année 1863, je m'adressai à la direction de l'École d'Alfort, et deux fois elle eut l'obligeance de me faire prévenir qu'elle mettait à ma disposition des chiens enragés auxquels je pourrais limer les dents et faire mor-

dre ensuite des animaux sains, afin de déterminer la juste
valeur de mon système.

Je ne fus pas heureux : deux fois je me rendis à Alfort,
et chaque fois, soit pour un motif, soit pour un autre,
on ne put me livrer un chien enragé. Enfin, en 1869,
M. le préfet de police ayant demandé à l'École d'Alfort
un rapport sur ma méthode, je fus invité à m'y rendre, et
mon neveu, vétérinaire à Paris, ainsi que je l'ai rapporté
plus haut, y pratiqua l'émoussement dont M. Reynal ren-
dit compte.

Mais, tenant essentiellement à faire la preuve de ma
méthode moi-même et en présence des hommes les plus
éclairés et les plus capables de la juger, le 17 janvier 1870, je mis un loulou enragé furieux dans un panier, et je me rendis en voiture à Alfort avec mes aides.

L'opération eut lieu en présence de M. Trasbout et de
MM. les élèves. Le sujet était très-vigoureux, et il mordit
deux chiens que l'on enferma alternativement avec lui.

Il est à regretter que les nombreuses occupations de
MM. les professeurs de l'École d'Alfort ne leur aient pas
permis de faire surveiller ces chiens et de voir s'ils deve-
naient enragés. Les expériences de ce genre sont loin
d'être sans danger, et l'objet qui motivait celle dont il
est question intéressait la science à un très-haut point.
Si, comme on n'a pas craint de le dire, il y avait folie à
limer les dents d'un chien enragé, on ne pouvait contester un désir sincère de répandre la lumière sur une
question qui n'est pas sans importance.

Si je raconte ce fait, c'est pour prouver au lecteur
que les nombreuses expériences de l'efficacité de mon
système que j'ai pratiquées me permettent d'avoir en lui
la plus grande confiance, et que, si je ne l'ai pas expéri-

mentée sous les yeux des princes de la science, je n'ai, du moins, rien négligé pour en arriver là.

Je sais bien que ce premier essai, en admettant qu'il eût été suivi par l'École d'Alfort, et quand bien même elle l'eût reconnu entièrement concluant, n'aurait pas suffi, la science ne pouvant baser ses appréciations sur une seule expérience. Mais cette opération aurait eu un grand retentissement, et elle eût appelé l'attention de beaucoup d'hommes savants sur la méthode que je préconise; elle pouvait être appliquée et recommandée fréquemment par eux et ainsi diminuer les cas de rage sur l'homme mordu par le chien, cas de rage qui deviennent de plus en plus fréquents (voir les *Statistiques*).

Au sujet de ce qui précède, j'ajouterai qu'une expérience manque, généralement de précision, si on ne la met pas dans des conditions favorables pour observer le phénomène que l'on veut reproduire. A ce point de vue, la cage qui, à l'École d'Alfort, a servi à l'expérience susdite est trop exiguë.

En effet, un chien enragé et désarmé est-il introduit dans cette cage où l'on a préalablement placé des chiens non enragés, non désarmés, dans le but de les faire mordre, il se précipite avec fureur sur eux et les attaque avec tant d'énergie que ces animaux jetés violemment contre les barreaux de fer de la cage peuvent recevoir, en dehors des contusions occasionnées par les morsures du chien enragé, des entamures de la peau provenant des heurts violents que ne leur ménage pas la rage de leur compagnon.

Pour parer à ces inconvénients, qui rendent difficile la juste appréciation de ma méthode, si l'on trouve nécessaire de la soumettre à de nouvelles expériences, voici le système que je désirerais voir employer.

On établirait sur un terrain vague deux chenils un peu étendus, de manière à permettre aux chiens enragés et à ceux qu'ils attaquent les évolutions que ces animaux exécutent dans la rue.

Ces chenils devraient être parfaitement isolés l'un de l'autre. Dans chaque chenil on *ferait naître* 15 ou 20 chiens.

Tout chien mordu dans la rue par un chien enragé et destiné par ce motif à être abattu serait conservé jusqu'à concurrence de 5 ou 6 sujets pour chaque chenil.

Dans l'un, on introduirait les chiens suspects après leur avoir préalablement limé les dents; dans l'autre ceux qui n'auraient pas subi cette opération.

Suivant la rapidité avec laquelle se propagerait la rage dans l'un ou l'autre chenil, on établirait la valeur de ma méthode. Au reste, je me réserve de faire cette expérience qui sera soumise à l'appréciation d'hommes dévoués aux vérités scientifiques.

J'ai été encouragé, dans l'étude ardue du système que je livre aujourd'hui à la publicité, par les mentions toutes bienveillantes qu'en ont faites MM. le docteur Blatin (1), Eugène Gayot (2), Chevalier (3), et enfin dans l'œuvre considérable de M. Reynal (4).

En outre, M. le docteur Th. Landrin et M. A. Landrin, vétérinaire, toujours si empressés à seconder toute idée de progrès, qui assistaient, en 1868, aux expériences

(1) *Nos Cruautés envers les animaux; De la Rage chez le chien.*
(2) *Traité des chiens.*
(3) *Hygiène et salubrité publiques.*
(4) *Traité de la police sanitaire.*

que je faisais à mon établissement, rédigèrent un rapport très-favorable qu'ils adressèrent au préfet de police.

La Société protectrice des animaux, elle-même, m'a fait l'honneur de me décerner, en 1867, une médaille d'argent, et je suis sûr que je ne ferai pas inutilement appel aux cœurs compatissants de ses membres en leur demandant de m'aider à vulgariser une pratique qui, si elle était généralement admise, rendrait de si grands services non-seulement aux animaux qu'ils protégent, mais encore à l'humanité qui dicte toutes leurs actions.

C'est au patronage de la Société protectrice des animaux dont la devise est : « Justice, compassion, hygiène, morale, » que je dédie respectueusement une création au moyen de laquelle j'ai maintes fois conservé la vie à des chiens que l'on craignait et qui eussent été inévitablement sacrifiés, sans l'application de ma méthode.

QUATRIÈME PARTIE

DE LA RAGE DU CHAT

INTRODUCTION

J'ai déjà dit, dans le cours de cet ouvrage, que le chat, grâce à ses mœurs sédentaires, était peu exposé à contracter la rage. S'il eût été atteint de cette maladie aussi fréquemment que le chien, il eût fallu, pour notre sécurité, exterminer sa race.

De 1859 à 1872, 1,093 chats et 238 chattes sont entrés dans mon infirmerie. Sur ce nombre, un seul cas de rage s'est produit.

Dans le courant de 1873, année qui ne figure pas sur mes statistiques, un autre cas est signalé.

Ces deux chats sont devenus enragés à la suite d'une morsure qu'ils ont reçue.

Il est possible que la proportion des chats enragés soit un peu plus forte que ne l'indiquent mes statistiques, et qu'une partie des accidents rabiques qui se développent sur ces animaux échappent à l'observation ; les quelques contaminés, et au début de ce mal, se retirent probable-

ment dans les coins obscurs des greniers et des caves pour
y finir leurs tristes jours.

Le chat s'attache à la maison, son monde à lui, ce sont
les pierres qui soutiennent le toit sous lequel il s'abrite.
Qu'il soit à tel ou tel propriétaire, peu lui importe pourvu
qu'on le nourrisse. Il ne s'écarte pas ordinairement de son
foyer. Et il faut toute la violence des désirs génésiques qui,
chez lui, sont si ardents, pour le contraindre à s'éloigner
de l'habitation. De là peu de rapports avec le dehors, par
suite peu d'occasions d'être blessé par un animal enragé.

Le chien, au contraire, s'attache à la main qui le nourrit,
qu'il soit ici ou là, peu lui importe, s'il peut se coucher
aux pieds de son maître, s'il peut veiller sur son sommeil,
s'il peut le défendre contre ses ennemis. Il suit chaque
pas de son propriétaire, à chaque pas il rencontre quelque animal de sa race; ses mœurs sociables le portent à
fraterniser avec les autres chiens; de là, de nombreuses
occasions de contracter la rage.

Aussi, voit-on les chats enragés être atteints de cette
maladie, parce que le chien leur commensal l'ayant reçue
d'un voisin vient la leur communiquer.

CHAPITRE PREMIER

CARACTÈRES DE LA RAGE CHEZ LE CHAT

Le 26 octobre 1860, une chatte demi-angora, âgée de 4 ans, appartenant à M. Petit, vétérinaire à Paris, fut conduite à mon infirmerie pour y être observée.

Le chien de garde de ce vétérinaire, mort de la rage à mon infirmerie, avait mordu cette chatte à la commissure gauche des lèvres.

Symptômes : le 26 décembre 1860, la chatte a refusé tout aliment; bonds désordonnés à la suite desquels elle a éprouvé du coma, de la faiblesse; démarche simulant un état d'ivresse.

Le 27, les bonds sont plus fréquents, les mouvements plus obliques, le regard est hagard, les yeux fixes; elle cherche à mordre, à griffer; on remarque un peu de salivation.

Le 28, la paralysie fait des progrès, le train de derrière se meut très-difficilement; l'animal se jette cependant sur un bâton qu'on lui présente, et gratte le fond de sa niche, cherche à griffer et à mordre; refus absolu d'aliments et de boissons. La voix consiste en un miaulement plaintif.

Le 29, affaiblissement plus considérable, même désir de mordre.

Le 30, mort.

Autopsie : un peu d'écume dans la bouche. Débris de paille sur le trajet intestinal.

CHAPITRE II

ÉTIOLOGIE DE LA RAGE CHEZ LE CHAT

Je n'ai trouvé aucune notion de la rage du chat dans les écrits de date ancienne, et l'étude de son étiologie est très-simple, attendu que les faits tendent à prouver en toutes circonstances qu'elle est la même que celle du chien.

Comme ce dernier animal, le chat trouve parmi les savants de notre époque des auteurs qui prétendent qu'il est sujet à contracter la rage spontanée. Les preuves qu'ils en donnent ne sont pas plus fondées que celles que nous les avons vus émettre au sujet du chien.

La spontanéité de la rage a je ne sais quel charme qui attire et séduit bien des gens. Ne va-t-on pas jusqu'à dire quelque part, que la femelle du blaireau, sous l'influence des grandes chaleurs, contracte la rage spontanée qu'elle s'empresse de communiquer aux chiens qui lui donnent la chasse?

Est-il nécessaire de s'arrêter plus longtemps à des appréciations aussi vagues?

Il me reste à parler des faits de spontanéité qu'un éminent auteur cite dans un « Rapport sur la rage » publié dans les *Annales d'hygiène publique et de médecine légale* de janvier 1860 et que ma conscience m'oblige à contester.

M. Tardieu écrit :

« Nous devons noter deux exemples remarquables de
« rage spontanée chez le chat, l'un qui *paraît* s'être déve-
« loppé à la suite d'une large brûlure, l'autre chez une
« chatte rendue furieuse par l'enlèvement de ses petits. »

Pourquoi conclure de ces deux cas la rage spontanée?
Il me semble que l'on peut tout aussi bien en conclure
la rage communiquée, puisque, nous l'avons vu dans le
cours de ce traité, les fortes émotions peuvent hâter l'incubation du virus rabique. Ce fait n'est donc pas probant,
et celui qui le suit ne l'est pas davantage. Il eût fallu
établir que ces chats n'avaient jamais été mordus par des
chiens enragés ; or, qui peut l'affirmer?

La nature a des lois, lois irrévocables ; c'est pourquoi
je crois que la rage ne peut dépendre des causes qui occa-
sionnent les maladies ordinaires.

Les contradictions que d'humbles praticiens peuvent
quelquefois établir en opposition aux lumières de savants
éminents, viennent de ce que ceux-ci, des plus compé-
tents pour ce qui concerne les objets directs de leurs observations, ne voient qu'accidentellement certains phénomènes, et, dans ces occasions, cette justesse d'appréciation
qui les caractérise à un si haut point peut leur faire défaut.

D'ailleurs, ces quelques erreurs se trouvent effacées
par les grandes lumières qu'ils répandent sur d'autres
questions scientifiques.

Certes, si les hommes que cite mon ouvrage s'étaient
occupés spécialement de la question qu'il traite, aujour-
d'hui la rage n'existerait plus.

La preuve scientifique de la rage spontanée est aussi
bien à faire pour le chat que pour le chien.

——— ———

CHAPITRE III

INFLUENCE DES DÉSIRS GÉNÉSIQUES

Quelques esprits superficiels pourront dire, que si les chats ne sont pas plus souvent atteints de rage qu'on ne le voit dans mes statistiques, c'est parce qu'ils sont châtrés.

Il est vrai qu'à Paris, beaucoup de chats sont châtrés, mais il y a cependant environ un chat entier sur dix; et, si les influences génésiques pouvaient donner la rage, les chats entiers en seraient souvent atteints, puisque le chat est de tous les animaux celui chez qui ces désirs sont les plus impérieux, et je n'ai qu'un cas de rage à enregistrer sur les mâles dans une période de 15 ans.

En outre, si beaucoup de chats, à Paris et dans les grandes villes, sont châtrés, il en est autrement dans les petites villes et dans les campagnes. Or, si la rage faisait, en province, de nombreuses victimes parmi les chats, on en aurait entendu parler. Il est de ces choses, comme je l'ai déjà dit, qu'il n'est pas nécessaire d'écrire pour qu'on les sache, et, de même que l'on sait lorsque la peste bovine sévit dans les campagnes, on aurait appris, qu'à tel endroit, tant de chats sont morts de la rage.

Mais cet argument ne saurait être invoqué en faveur de la chatte. Tout le monde sait combien celle-ci est ardente, voici en quels termes en parle Buffon :

« La femelle paraît être plus ardente que le mâle, elle « l'invite, elle le cherche, elle l'appelle ; elle annonce par

« de hauts cris la fureur de ses désirs, ou plutôt l'excès de
« ses besoins; et, lorsque le mâle la fuit ou la dédaigne, elle
« le poursuit, le mord, et le force pour ainsi dire à la sa-
« tisfaire, quoique les approches soient toujours accom-
« pagnées d'une vive douleur. »

Mes observations personnelles confirment ces données
et pour moi combattent victorieusement la possibilité de
la rage spontanée causée par des désirs génésiques non
satisfaits, attendu que, s'il en était ainsi, on aurait très-
souvent à constater la rage chez les chattes.

J'ai vu des chats et des chattes tellement surexcités par
des désirs génésiques des plus violents, qu'ils étaient pris
par tout le monde pour des enragés. Il ne faut pas s'en
rapporter aux apparences, et c'est au vétérinaire à recti-
fier le jugement du public.

CHAPITRE IV

CE QUI N'EST PAS LA RAGE

En 1868, M. X..., faubourg Saint-Martin, me fit appeler pour visiter un chat qu'il croyait enragé.

M. Béraud, vétérinaire adjoint de mon établissement, se trouvait de visite ce jour-là, et il se fit accompagner d'un garçon. Muni d'une épaisse couverture, il pénétra dans le lieu où était enfermé le dangereux animal.

Accroupi dans un coin, poussant des cris effrayants, ce chat fixa sur lui des yeux égarés. Dans l'appartement tout était détérioré. Meubles, tapisseries, tableaux, garnitures de cheminée, rien n'avait était épargné ; sur le parquet s'étalaient des mares d'urine d'une odeur nauséabonde.

A son approche le chat fit des bonds prodigieux, passant et repassant sur la tête de M. Béraud et de son aide. Ce n'est que lorsque les forces de cet animal furent épuisées qu'ils purent, en le couvrant et l'enveloppant de la couverture, le mettre dans un panier et le porter à l'infirmerie.

Une fois déposé dans une niche, il eut un nouvel accès, il se mit à hacher la paille avec ses dents, mordit les barreaux de sa porte, et exécuta des bonds insensés, soufflant et dirigeant ses regards vers les personnes qui l'examinaient.

Il frottait avec volupté son ventre contre les corps mis à sa portée et refusait aliments et boissons. Une forte odeur s'exhalait de sa peau.

Après 24 heures d'examen, sur l'observation que cet animal cherchait constamment à reproduire l'acte du coït, nous en conclûmes que les désordres observés dans l'organisme de ce chat étaient dus à une violente excitation génésique. Il fut châtré et redevint bien portant.

Autre observation. Le 7 août 1873, madame X..., rue d'Aboukir, amène à mon infirmerie un chat coupé, âgé de six ans.

Renseignements : il a bu du lait, comme d'habitude, à midi ; deux heures après il se met à remuer la queue. Il se cache, miaule, veut griffer et mordre sa maîtresse, se roule sur le parquet.

Ce chat reste à l'infirmerie jusqu'au 16, jour où il en sort complétement rétabli.

Ces deux exemples prouvent combien il importe d'agir avec la plus grande prudence lorsqu'il s'agit de diagnostiquer la rage, puisqu'il y a des états de surexcitation qui simulent parfaitement cette maladie.

CHAPITRE V

PROPAGATION DE LA RAGE CHEZ LE CHAT

Il ne s'est jamais présenté à moi un cas de transmission de la rage de chat à chat ou de chat à chien. J'ai su, par exemple, qu'au mois de novembre 1873, un chat auquel la rage avait été communiquée par un chien enragé avait mordu une dame au visage, et que cette personne était morte des suites de cette morsure.

En somme, la propagation de la rage du chat est fort rare, et il est établi que les causes invoquées en faveur de la spontanéité de la rage chez cet animal ne sont pas mieux fondées que pour le chien.

Aussi, je me crois autorisé à dire que, puisque la rage est communiquée aux chats par les chiens, le jour où ces derniers auront les dents émoussées, il n'y aura plus ou presque plus de chats enragés.

Les moyens préservatifs qui aboliront la rage chez le chien la feront aussi disparaître chez le chat, et, par suite, elle ne se produira plus sur l'homme.

Cette conclusion, qui dérive forcément des considérations diverses exposées dans le cours de cet ouvrage, clôt une œuvre dont le seul but est la recherche du bien de l'humanité.

Avant de déposer la plume, je demanderai la permission de rendre hommage à la bienveillance de quelques-uns de mes honorables collègues qui m'ont aidé à agrandir le champ de mes observations.

Merci, également, aux personnes qui ont bien voulu me donner leurs conseils pour me mettre à même de rendre la lecture de ce traité plus attrayante.

Que ceux qui m'ont aidé, à quelque titre que ce soit, reçoivent ici le témoignage de ma vive reconnaissance pour leur concours généreux à une œuvre qui voudrait être le bien pour tous.

Ma tâche est finie. Si, par le moyen de ces lignes, je sauve un homme d'une mort certaine, j'aurai reçu ma meilleure récompense.

FIN

TABLE DES MATIÈRES

PREMIÈRE PARTIE.

DEUXIÈME PARTIE.

TROISIÈME PARTIE.

QUATRIÈME PARTIE.

FIN DE LA TABLE

Corbeil. — Typ. et Stér. de Crete fils.

ARRONDISSE...
1. Du Louvr
2. De la Ba
3. Du Temp
4. De l'Hô Ville.....
5. Du Panth
6. Du Luxer
7. Du Palais bon......
8. De l'Élys
9. De l'Opér
10. De l'Enc Laurent..
11. De Popinc

CARTE RABIQUE

ARRONDISSEMENTS.	QUARTIERS.	1859	1860	1861	1862	1863	1864	1865	1866	1867	1868	1869	1870	1871	1872
1. Du Louvre	1. St-Germain-l'Auxerrois							1							
	2. Des Halles		1	3	2		1			1	5	3			1
	3. Du Palais-Royal	1	1							1			1		1
	4. De la Place Vendôme												1		
2. De la Banque	5. Gaillon														1
	6. Vivienne			1	1	2	1			2		2			2
	7. Du Mail			1							1	3			
	8. De Bonne-Nouvelle		2				1	3	2	2			3	4	6
3. Du Temple	9. Des Arts-et-Métiers	2	2	3			1	3	4	5	4		3	4	1
	10. Des Enfants-Rouges			1	1	2	1	4				1	1	10	4
	11. Des Archives		1	2	3	1			4	5		1	1	10	
	12. Sainte-Avoie			1		2	1	1	4		8		2	2	
4. De l'Hôtel-de-Ville	13. Saint-Merri					2	1	1	2			2	2	2	
	14. Saint-Gervais		2	1	1		1		2			2	3		1
	15. De l'Arsenal		1	1			1		3			3	2	2	
	16. Notre-Dame		1										2	2	
5. Du Panthéon	17. Saint-Victor						1					1	2		
	18. Du Jardin-des-Plantes		1		1								3		
	19. Du Val-de-Grâce														
	20. De la Sorbonne										1	1	1		
6. Du Luxembourg	21. De la Monnaie														
	22. De l'Odéon			2						2			2		
	23. Notre-Dame-des-Champs							1			1		1		2
	24. St-Germain-des-Prés			1					1			1			
7. Du Palais-Bourbon	25. Saint-Thomas-d'Aquin	1							2						
	26. Des Invalides														
	27. De l'École-Militaire														
	28. Du Gros-Caillou														
8. De l'Élysée	29. Des Champs-Élysées						1		1		1		1	1	
	30. Du Faubourg-du-Roule											2			1
	31. De la Madeleine								1			2	2		
	32. De l'Europe						1								
9. De l'Opéra	33. Saint-Georges												3		1
	34. De la Chaussée-d'Antin									1		1		1	
	35. Du Faub.-Montmartre			1				3			2	3	3	2	1
	36. De Rochechouart				1			1		1		2	2		
10. De l'Enclos-St-Laurent	37. Saint-Vincent-de-Paul	1	2	2	1	1	1	2			1	1	1		
	38. De la Porte-Saint-Denis	2	2	3	2	4	2	4		10	2		3	17	8
	39. De la Porte-St-Martin		3	5	2	6	5	4		10	9		6	10	13
	40. De l'Hôpital-St-Louis		2	1	4	2	5	4	13	6	12	7	8	16	16
11. De Popincourt	41. De la Folie-Méricourt	3	3	6	3	2	6	7	13	11	16	13	12	22	10
	42. Saint-Ambroise	3		1	5	1	1	2		6	5	4	2	5	3
	43. De la Roquette	2		1	3	1	2	5		5	4	5	3	8	3
	44. Sainte-Marguerite				1		1		2	2		2	2		
12. De Reuilly	45. Du Bel-Air												1		1
	46. De Picpus								2						
	47. De Bercy								1				1		
	48. Des Quinze-Vingts	2		1										3	2
13. Des Gobelins	49. De la Salpêtrière		1											1	
	50. De Croulebarbe					3	1								
	51. De la Gare						1			1			2	1	
	52. De la Maison-Blanche					1			1						
14. De l'Observatoire	53. De Montparnasse												1		
	54. De la Santé														
	55. Du Petit-Montrouge								1				1		
	56. De Plaisance														
15. De Vaugirard	57. Saint-Lambert														
	58. De Javel														
	59. Necker									1		1			
	60. De Grenelle														
16. De Passy	61. D'Auteuil											1	1		
	62. De la Muette														
	63. De la Porte-Dauphine												1		
	64. Des Bassins														
17. Des Batignolles	65. Des Ternes														
	66. De la Plaine-Monceau											1			
	67. Des Batignolles														
	68. Des Épinettes														
18. Buttes-Montmartre	69. Des Grandes-Carrières								1						
	70. De Clignancourt						1		1						
	71. De la Goutte-d'Or						1		1						
	72. De la Chapelle						1	1	1						4
19. Buttes-Chaumont	73. De la Villette		1		1	1	3	2	2	5	6		3	2	4
	74. Du Pont-de-Flandre						2	1	1		1				1
	75. D'Amérique		1		1		2	2		2	3		2		3
	76. Du Combat		1	1	1	1	3	3	3		3	2	1		3
20. Ménilmontant	77. De Belleville	2	1	2	3	2	5	7	16	10	21	12	12	20	12
	78. Saint-Fargeau				2	2	1	1						2	
	79. Du Père-Lachaise	2		1	3	1	2			3	4	6	6	2	2
	80. De Charonne			1			1	3	3	1	4	6	6		4
	Totaux	4	30	49	42		56		115	119	129	120	122	170	135

L'examen de la Carte rabique, carte dans laquelle le classement des 1219 cas de rage observés par moi a été fait par année, par arrondissement et par quartier, confirme ce que j'ai dit de la propagation de cette maladie.

On remarque que le 3e, le 10e, le 11e, le 17e et le 20e arrondissement, qui fournissent le plus de sujets malades à mon infirmerie, ont soumis à mon observation le plus de cas de rage : il n'y a là rien que de très-naturel.

Aussi n'est-ce pas sur ce point que je veux attirer l'attention, mais bien au contraire sur la progression constante qu'a prise le développement de la rage dans ces mêmes quartiers, et la concordance de cette progression avec le nombre des chiens qu'on rencontre errant dans les rues.

Il est évident que le développement que cette funeste maladie a pris depuis quelques années à Paris pourrait faire croire, au premier abord, qu'elle revêt un caractère épizootique, et par suite donner raison aux auteurs qui ont cru voir des cas fréquents de rage spontanée dans la façon dont cette maladie a sévi à certaines époques et dans certaines contrées. Mais, en examinant l'espèce de rayonnement qui se fait autour de chaque cas de rage, on est amené à en conclure la transmission directe par morsure, puisque l'on voit, comme je l'ai déjà dit, que partout où les chiens errent en grand nombre dans les rues, et par suite sont le moins bien tenus, la rage se développe davantage.

Fig. I.
Fig. II.
Fig. III.
Fig. IV.
Fig. V.

CORBEIL. — TYP. ET STÉR. DE CRÉTÉ FILS.